兽药中非法添加物检测技术

顾进华　高　光　汪　霞　主编

中国农业科学技术出版社

图书在版编目(CIP)数据

兽药中非法添加物检测技术 / 顾进华，高光，汪霞主编 . -- 北京：中国农业科学技术出版社，2022. 3

ISBN 978-7-5116-5703-9

Ⅰ. ①兽… Ⅱ. ①顾… ②高… ③汪… Ⅲ. ①兽用药-检测 Ⅳ. ①S859. 79

中国版本图书馆 CIP 数据核字（2022）第 023928 号

责任编辑 朱 绯 姚 欢
责任校对 马广洋
责任印制 姜义伟 王思文

出 版 者 中国农业科学技术出版社
北京市海淀区中关村南大街 12 号 邮编：100081
电 话 (010)82106632(编辑室) (010)82109702(发行部)
(010)82109709(读者服务部)
传 真 (010)82106625
网 址 http://www.castp.cn
经 销 者 各地新华书店
印 刷 者 北京科信印刷有限公司
开 本 170 mm×240 mm 1/16
印 张 12. 75
字 数 204 千字
版 次 2022 年 3 月第 1 版 2022 年 3 月第 1 次印刷
定 价 60. 00 元

《兽药中非法添加物检测技术》
编 委 会

主　编： 顾进华　高　光　汪　霞

副主编： 万仁玲　张秀英　范　强

编　者（按姓氏笔画排序）：

于丽娜　于晓辉　马秋冉　王　轩　王　雷

王小慈　王亚芳　王亦琳　王静文　方忠意

刘自扬　孙　雷　严　寒　杨　星　杨秀玉

吴宁鹏　吴好庭　宋志超　宋慧敏　张　璐

张连彦　陆春波　林海丹　罗成江　赵　晖

赵富华　郝利华　徐　嫄　徐恩民　黄士新

曹　莹　龚旭昊　彭文绣　董玲玲　韩宁宁

熊　玥　戴　青

前　言

兽药中的非法添加导致严重的食品安全风险和生物安全风险；也侵害合法兽药生产企业的正当利益，极大地扰乱兽药市场秩序。

本书总结了近年来兽药中非法添加规律，并分析形成原因；全面梳理现有检测标准，对非法添加物检测方法的检测对象与目标药物进行统计分析，研究检测方法发展及其内在联系。在非法添加物检测方法提效和风险防控方面进行思考，提出筛查与确证方法并重、进一步扩大检测方法适用性、加强高效及高通量检测技术研究、拓展非法添加物检测品种范围等管理思路；加强检查与宣传、疏堵结合，全面减少非法添加风险。

“魔高一尺，道高一丈”。深入研究兽药中非法添加物检测方法，梳理现有检测方法的内在联系，开拓思路，提升快速筛查技术和手段，探索建立新检测方法，对于打击非法添加行为，减少非法添加风险具有重要意义。

2021 年 5 月 16 日

目　　录

第一部分　兽药中非法添加规律及成因分析

兽药处方外添加其他化学物质或药物属于非法添加。兽药中的非法添加极易造成不知情用药，导致动物源性食品的兽药残留，带来严重的食品安全风险；非法添加抗微生物药物干扰遏制细菌耐药性行动，带来生物安全风险。

2009 年以前，对于非法添加，各级兽药监督、检验部门仅能依据国家兽药质量标准的检验结果出具处理意见，难以给予严厉查处和打击。为达到提前预警向主动保障转变的目的，中国兽医药品监察所及时牵头开展兽药制剂中非法添加物的筛查与确认技术研究，农业农村部适时公布施行了系列防范非法添加的检测方法和通用方法，并据此开展禁用药物和非法添加物监督检查，为农产品质量安全风险监测发挥了重要作用。

一、兽药中非法添加规律及特点

兽药散剂和注射液是非法添加的重灾区，其次是抗菌类兽药的可溶性粉剂。

兽药中的非法添加具备以下规律和特点。

添加方式多样：①中药中添加化学药品。②化学药品以同类药物替代标称药物，如在监督抽检过程中发现：标称磺胺间甲氧嘧啶钠注射液实际检出药物为磺胺嘧啶。③一种制剂添加多种药物，有的制剂添加的多种药物为同类药物，有些干脆添加多种不同类药物，组成“包治百病的超级复方”，如在一批鱼腥草注射液中发现非法添加了水杨酸、氧氟沙星和林可霉素。

添加药物的种类繁多：①添加处方外兽药，常见的有对乙酰氨基酚、安乃近等解热镇痛类药物；氟喹诺酮类、磺胺类等抗菌药物；茶碱等镇咳平喘类药物等。曾经发现，仅黄芪多糖注射液一种制剂中发现的非法添加药物就多达11种。②添加违禁药品及人用药如β-受体激动剂、氯霉素类、硝基呋喃类药物。

（一）中药制剂被非法添加情况

经筛查研究发现，中药制剂被非法添加其他中药或化学药物（物质）见表1。

表1　中药制剂被非法添加情况

中药制剂	常见添加化学药物	常见添加其他中药
中兽药散剂	乙酰甲喹、喹乙醇、甲氧苄啶、安乃近、对乙酰氨基酚、氨基比林、恩诺沙星等喹诺酮类、磺胺嘧啶等磺胺类、氨茶碱、二羟丙茶碱	其他药物中药提取物
中兽药注射液/口服液	利巴韦林、林可霉素、地塞米松磷酸钠、盐酸吗啉胍、水杨酸、甲氧氯普胺	
清热解毒制剂中易被添加解热镇痛类药物：对乙酰氨基酚、安乃近；抗菌药：氟喹诺酮类、磺胺类；氯霉素类、硝基呋喃类		
解表制剂中易被添加抗感冒药：水杨酸；镇咳平喘类药物：茶碱		

（二）化学药品被非法添加情况

经筛查研究发现，化药制剂被非法添加药物（物质）见表2。

表2　化药制剂被非法添加情况

化药制剂	常见添加药物
兽用抗菌类可溶性粉/预混剂	甲硝唑、地美硝唑、克拉维酸钾、双氯芬酸钠、呋喃唑酮、四环素、尼可刹米、头孢噻肟等头孢类、吲哚美辛
注射液如：磺胺间甲氧嘧啶钠注射液	同类药物：磺胺嘧啶

二、兽药质量标准对非法添加物的规定

《中华人民共和国兽药典》（下称《中国兽药典》）2005年版及以前历版都规定：“对于规定中的各种杂质检查项目，系指该兽药在按既定工艺进行生产和正常贮藏过程中可能含有或产生并需要控制的杂质（如残留溶剂、有关物质等）”，《中国兽药典》标准中的各项检测和检查没有针对处方外非法添加的物质，《中国兽药典》标准方法难以对处方外添加进行判别。化药部的“兽药杂质分析指导原则”针对化学合成或半合成的有机原料药及其制剂杂质进行分析，该“杂质”概念明确说明“不包括掺入或污染的外来物质”。规定“对于假劣兽药，必要时应根据各具体情况，可采用非法定分析方法予以检测。”中药部附录中的杂质检查针对来源相同但性状部位不同的有机质、无机质，也针对来源与规定不同的有机质，后者主要采用筛分的方法将杂质分出。二部没有“非法定分析方法”方面的表述。

《中国兽药典》正文所设各项规定是针对符合《兽药生产质量管理规范》的产品，按照批准的处方来源、生产工艺、贮藏条件等所制定的技术规定，2005年以前历版《中国兽药典》对“掺入或污染的外来物质”的检验没有明确的要求和具体检测方法，可谓鞭长莫及。2009年，农业部组织开展兽药国家补充检查方法的研究。中国兽医药品监察所组织各省级兽药检验机构加强了对处方外非法添加的关注，对常见添加物、添加规律等进行分析总结，开展添加物的筛查以及检测技术的研究，色谱条件和质谱条件的筛选研究、提取方法选择、对照品溶液和供试品溶液浓度的选择、色谱峰纯度检查、不同本底添加试验、判定原则等，在此基础上进行全面的方法学验证，建立基本检测方法，当年即发布了3个检查方法标准并组织检测和查处。

农业部（现农业农村部）发布的系列补充检查方法对《中国兽药典》起到重要补充作用。为了加强对处方外非法添加的打击，《中国兽药典》2010年版一、二部凡例、总则皆增加“正文所设各项规定是针对符合兽药GMP的产品而言。”2015年版总则增加“任何违反兽药GMP或有未经批准添加物质所

生产的兽药，即使符合《中国兽药典》或按照《中国兽药典》没有检出其添加物质或相关杂质，亦不能认为其符合规定。”2020年版《中国兽药典》延续以上表述。

三、兽药中非法添加成因分析

兽药中的非法添加，主要是追求快速起效和短期经济效益而冒用合法标准名称，标称安全用药成分，隐瞒添加其他药物成分或化合物，有的自认为处方合理但未能获得研发数据，审批未通过的西药复方制剂和中西药复方制剂。

1. 西药的合并使用

部分西药的临床合用属于合理用药，但由于生产工艺、安全性等问题，很多临床合用品种并不适合制成复方制剂。复方制剂的研制需要多方数据支持，企图走捷径的想法容易导致非法添加的发生，特别是抗菌药品种。在抗菌药减量化使用形势下，要特别注意预防或促生长用抗菌药的非法添加使用。

2. 中西复方制剂的应用

中西复方制剂在发挥中西药物协同作用、减少药物用量、降低毒性，以及实现标本兼治等方面具有一定意义。由于多种原因，大量的地方标准“中西复方制剂”品种在兽药“地标升国标”工作中没有被上升为国家标准，很多未经充分研究的中西复方制剂沦为处方外非法添加。

第二部分　兽药中非法添加物检测方法及标准统计分析

一、兽药中非法添加物测定方法的应用与发展

非法添加物测定方法的应用领域广泛，除兽药外，非法添加物检测技术主要运用在食品、药品、保健品、食品添加剂、饲料、饲料添加剂等各个领域。

早在 1993 年，关尔吉、顾进华应用高效液相色谱法研究了黄芩等 21 味中药的不同组方对盐酸左旋咪唑含量测定的影响。试验证明，所建方法对与中药配伍使用的盐酸左旋咪唑进行含量测定是可行的，其线性范围 0. 06~0. 18mg/mL，相关系数 0. 999 3。使用该方法进行测定，黄芩等 21 味中药对盐酸左旋咪唑定量分析没有干扰。为中西药复方质量控制，也为兽药中非法添加左旋咪唑的测定提供了测定方法与基本思路。

2008 年，兽药检验人员在监督抽检中发现处方外添加其他化合物的现象。2009 年农业部首次组织开展兽药国家补充检查方法的研究，中国兽医药品监察所（下称中监所）组织各省级兽药检验机构加强了对处方外非法添加的关注，对常见添加物、添加规律等进行分析总结，开展添加物的筛查以及检测技术的研究，色谱条件和质谱条件的筛选研究、提取方法选择、对照品溶液和供试品溶液浓度的选择、色谱峰纯度检查、不同本底添加试验、判定原则等，在此基础上进行全面的方法学验证，建立基本检测方法，当年即发布了 3 个检查方法标准，并组织检测和查处。

2012—2016 年，中监所在掌握非法添加规律和添加的可能性基础上，进一步研究并确定兽药处方外非法添加物筛查原则：按常见兽药处方外非法添加物

进行判断，从药物类别分析可能添加的同类物质，从原处方临床应用分析添加物方向，继续开展研究并建立兽药处方外非法添加物检测方法，全面遏制兽药处方外非法添加。陆续通过理化分析和高效液相、质谱等仪器分析方法，研究建立 28 个兽药非法添加物检测方法标准。2016 年对以上 31 个标准进行修订完善，主要包括色谱条件和质谱条件的优化、方法适用范围的扩展以及判定原则的完善等。

2016—2019 年，中监所相关课题组成员赴江西、四川、江苏、湖北、上海、北京、广东、辽宁、黑龙江、浙江、山东、河南等 15 省市累计采集样品 1 200余批进行监测研究，涵盖了兽药各种剂型，涉及品种 300 余种，采用 HPLC-PDA/MS 方法筛查非法添加物，通过筛查进一步梳理了研究思路，为后续检测方法的建立奠定了基础，并确定了兽药处方外非法添加物筛查原则，即从药物类别分析可能添加的同类物质，从原处方药效、临床应用分析可能的非法添加物类型。建立了系列防范非法添加检查方法和通用方法，确保方法的通用性，建立完善处方外非法添加物检测方法光谱数据库。

二、检测标准与方法统计

截至 2021 年 1 月，农业农村部发布处方外非法添加物检测方法标准的公告/文件共 23 个，发布标准 82 个。

经过修订，现行有效检测方法标准 51 个，检测非法添加目标物 132 种，筛查紫外光谱图库 153 种和非特定物质。

31 个旧版兽药中非法添加物检测标准与方法统计见表 1；51 个现行有效兽药中非法添加物检测标准与方法统计见表 2。

表 1　31 个旧版兽药非法添加物检测标准与方法统计

序号	非法添加物检测方法标准名称	兽药制剂	非法添加物	技术方法	检测品种数	发布时间	文件/公告号
01	《止痢散、清瘟败毒散、银翘散：非法添加呋喃唑酮、呋喃西林、呋喃妥因》	止痢散、清瘟败毒散、银翘散	呋喃唑酮、呋喃西林、呋喃妥因		3	2009. 9. 7	农医发〔2009〕17 号《兽药国家标准补充检查方法》
02	《白头翁散、苍术香连散、银翘散：非法添加氯霉素》	白头翁散、苍术香连散、银翘散	氯霉素		1	2009. 9. 7	
03	《止痢散、健胃散、清瘟败毒散、胃肠活、肥猪散、清热散、银翘散：非法添加乙酰甲喹、喹乙醇》	止痢散、健胃散、清瘟败毒散、胃肠活、肥猪散、清热散、银翘散	乙酰甲喹、喹乙醇		2	2009. 9. 7	
04	《黄芪多糖注射液中非法添加解热镇痛类、抗病毒类、喹诺酮类等 11 种化学药物检查方法》	黄芪多糖注射液	解热镇痛类、抗病毒类、喹诺酮类等 11 种化学药物	TLC，HPLC	11	2012. 10. 23	公告 1848 号
05	《肥猪散、健胃散、银翘散等中药散剂中非法添加氟喹诺酮类药物（物质）检查方法》	肥猪散、健胃散、银翘散等中药散剂	氟喹诺酮类药物（物质）	HPLC	类	2012. 10. 23	
06	《氟喹诺酮类制剂中非法添加乙酰甲喹、喹乙醇等化学药物检查方法》	氟喹诺酮类制剂：氧氟沙星制剂、诺氟沙星（及其盐）制剂、恩诺沙星（及其盐）制剂、环丙沙星（及其盐）制剂	乙酰甲喹、喹乙醇等化学药物	HPLC	等	2012. 12. 3	公告 1868 号
07	《氟苯尼考粉和氟苯尼考预混剂中非法添加氧氟沙星、诺氟沙星、环丙沙星、恩诺沙星的检查方法》	氟苯尼考粉和氟苯尼考预混剂	氧氟沙星、诺氟沙星、环丙沙星、恩诺沙星	HPLC	4	2013. 4. 12	公告 1924 号
08	《氟苯尼考制剂中非法添加磺胺二甲嘧啶、磺胺间甲氧嘧啶的检查方法》	氟苯尼考制剂	磺胺二甲嘧啶、磺胺间甲氧嘧啶	HPLC	2	2013. 4. 24	公告 1934 号
09	《乳酸环丙沙星注射液中非法添加对乙酰氨基酚检查方法》	乳酸环丙沙星注射液	对乙酰氨基酚	HPLC	1	2013. 6. 26	公告 1956 号

（续表）

序号	非法添加物检测方法标准名称	兽药制剂	非法添加物	技术方法	检测品种数	发布时间	文件/公告号
10	《注射用青霉素钾（钠）中非法添加解热镇痛药物检查方法》	注射用青霉素钾（钠）	解热镇痛药物	HPLC	类	2014. 1. 26	公告 2508 号
11	《氟苯尼考制剂中非法添加烟酰胺、氨茶碱检查方法》	氟苯尼考制剂	烟酰胺、氨茶碱	HPLC	2	2014. 1. 26	
12	《氟喹诺酮类中非法添加对乙酰氨基酚、安乃近检查方法》	氟喹诺酮类	对乙酰氨基酚、安乃近	HPLC	2	2014. 1. 26	
13	《硫酸庆大霉素注射液中非法添加甲氧苄啶检查方法》	硫酸庆大霉素注射液	甲氧苄啶	HPLC	1	2014. 1. 26	
14	《氟苯尼考液体制剂中非法添加β-受体激动剂检查方法》	氟苯尼考液体制剂	β-受体激动剂	HPLC-MS｜MS	1	2014. 1. 26	
15	《盐酸林可霉素制剂中非法添加对乙酰氨基酚、安乃近检查方法》	盐酸林可霉素制剂	对乙酰氨基酚、安乃近	HPLC	2	2014. 1. 26	
16	《黄芪多糖注射液中非法添加地塞米松磷酸钠检查方法》	黄芪多糖注射液	地塞米松磷酸钠	HPLC	1	2014. 1. 26	
17	《氟苯尼考固体制剂中非法添加β-受体激动剂检查方法》	氟苯尼考固体制剂	β-受体激动剂	HPLC-MS｜MS	1	2014. 1. 26	
18	《柴胡注射液中非法添加利巴韦林检查方法》	柴胡注射液	利巴韦林	HPLC	1	2014. 1. 26	
19	《柴胡注射液中非法添加盐酸吗啉胍、金刚烷胺、金刚乙胺检查方法》	柴胡注射液	盐酸吗啉胍、金刚烷胺、金刚乙胺	HPLC-MS｜MS	3	2014. 1. 26	
20	《柴胡注射液中非法添加对乙酰氨基酚检查方法》	柴胡注射液	对乙酰氨基酚	HPLC	1	2014. 1. 26	

（续表）

序号	非法添加物检测方法标准名称	兽药制剂	非法添加物	技术方法	检测品种数	发布时间	文件/公告号
21	《阿莫西林可溶性粉中非法添加解热镇痛类药物检查方法》	阿莫西林可溶性粉	解热镇痛药物	HPLC	类	2014. 3. 28	公告 2085 号
22	《鱼腥草注射液中添加甲氧氯普胺检查方法》	鱼腥草注射液	甲氧氯普胺	HPLC	1	2015. 7. 29	公告 2278 号
23	《鱼腥草注射液中非法添加林可霉素检查方法》	鱼腥草注射液	林可霉素	HPLC-MS丨MS		2015. 11. 13	公告 2320 号
24	《鱼腥草注射液中非法添加水杨酸、氧氟沙星检查方法》	鱼腥草注射液	水杨酸、氧氟沙星	HPLC		2015. 11. 13	
25	《中兽药散剂中非法添加金刚烷胺和金刚乙胺检查方法》	中兽药散剂：白头翁散、苍术香连散、银翘散	金刚烷胺和金刚乙胺	HPLC-MS丨MS		2015. 11. 13	
26	《扶正解毒散中非法添加茶碱、安乃近检查方法》	扶正解毒散	茶碱、安乃近	HPLC	2	2015. 12. 14	公告 2333 号《扶正解毒散中非法添加茶碱、安乃近检查方法》等 5 项检查方法
27	《黄连解毒散中非法添加对乙酰氨基酚、盐酸溴已新检查方法》	黄连解毒散	对乙酰氨基酚、盐酸溴已新	HPLC	2	2015. 12. 14	
28	《酒石酸泰乐菌素可溶性粉中非法添加茶碱检查方法》	酒石酸泰乐菌素可溶性粉	茶碱	HPLC	1	2015. 12. 14	
29	《硫酸安普霉素可溶性粉中非法添加诺氟沙星检查方法》	硫酸安普霉素可溶性粉	诺氟沙星	HPLC	1	2015. 12. 14	
30	《硫酸黏菌素预混剂中非法添加乙酰甲喹检查方法》	硫酸黏菌素预混剂	乙酰甲喹	HPLC	1	2015. 12. 14	
31	《硫酸安普霉素可溶性粉中非法添加头孢噻肟检查方法》	硫酸安普霉素可溶性粉	头孢噻肟	HPLC		2016. 1. 4	公告 2353 号

表 2　51 个现行有效兽药非法添加物检测标准与方法统计

序号	非法添加物检测方法标准名称	兽药制剂	非法添加物	技术方法	检测品种数	发布时间	文件/公告号
01	《硫酸卡那霉素注射液中非法添加尼可刹米检查方法》	硫酸卡那霉素注射液	尼可刹米	HPLC	1	2016. 5. 9	公告 2395 号
02	《恩诺沙星注射液中非法添加双氯芬酸钠检查方法》	恩诺沙星注射液	双氯芬酸钠	HPLC	1	2016. 5. 19	公告 2398 号
03	《中药散剂中非法添加呋喃唑酮、呋喃西林、呋喃妥因检查方法》	中药散剂：止痢散、清瘟败毒散、银翘散	呋喃唑酮、呋喃西林、呋喃妥因	ME，HPLC	3	2016. 9. 23	公告 2448 号《兽药制剂中非法添加磺胺类药物检查方法》等 34 项检查方法（修订 31 个；新建 3 个）
04	《中兽药散剂中非法添加氯霉素检查方法》	中兽药散剂：白头翁散、苍术香连散、银翘散	氯霉素	ME，HPLC-MS I MS	1	2016. 9. 23	
05	《中药散剂中非法添加乙酰甲喹、喹乙醇检查方法》	中药散剂：止痢散、健胃散、清瘟败毒散、胃肠活、肥猪散、清热散、银翘散	乙酰甲喹、喹乙醇	ME，TLC	2	2016. 9. 23	
06	《黄芪多糖注射液中非法添加解热镇痛类、抗病毒类、抗生素类、氟喹诺酮类等 11 种化学药物（物质）检查方法》	黄芪多糖注射液	解热镇痛类：对乙酰氨基酚、安乃近、氨基比林、安替比林；抗病毒类：利巴韦林、盐酸吗啉胍；抗生素类：林可霉素；氟喹诺酮类：诺氟沙星、氧氟沙星、环丙沙星、恩诺沙星等 11 种化学药物（物质）	TLC，HPLC	11	2016. 9. 23	
07	《肥猪散、健胃散、银翘散等中药散剂中非法添加氟喹诺酮类药物（物质）检查方法》	肥猪散、健胃散、银翘散	氟喹诺酮类药物（物质）：氧氟沙星、诺氟沙星等	HPLC	类	2016. 9. 23	
08	《氟喹诺酮类制剂中非法添加乙酰甲喹、喹乙醇等化学药物检查方法》	氟喹诺酮类制剂：氧氟沙星制剂、诺氟沙星（及其盐）制剂、恩诺沙星（及其盐）制剂、环丙沙星（及其盐）制剂	乙酰甲喹、喹乙醇	HPLC	2	2016. 9. 23	

（续表）

序号	非法添加物检测方法标准名称	兽药制剂	非法添加物	技术方法	检测品种数	发布时间	文件/公告号
09	《氟苯尼考粉和氟苯尼考预混剂中非法添加氧氟沙星、诺氟沙星、环丙沙星、恩诺沙星检查方法》	氟苯尼考粉、氟苯尼考预混剂	氧氟沙星、诺氟沙星、环丙沙星、恩诺沙星	HPLC	4	2016. 9. 23	公告 2448 号《兽药制剂中非法添加磺胺类药物检查方法》等 34 项检查方法（修订 31 个；新建 3 个）
10	《氟苯尼考制剂中非法添加磺胺二甲嘧啶、磺胺间甲氧嘧啶检查方法》	氟苯尼考制剂：氟苯尼考可溶性粉、氟苯尼考粉、氟苯尼考预混剂、氟苯尼考溶液、氟苯尼考注射液	磺胺二甲嘧啶、磺胺间甲氧嘧啶	HPLC	2	2016. 9. 23	
11	《乳酸环丙沙星注射液中非法添加对乙酰氨基酚检查方法》	乳酸环丙沙星注射液	对乙酰氨基酚	HPLC	1	2016. 9. 23	
12	《阿莫西林可溶性粉中非法添加解热镇痛类药物检查方法》	阿莫西林可溶性粉	解热镇痛类药物：对乙酰氨基酚、安替比林、氨基比林、安乃近、萘普生	HPLC	5	2016. 9. 23	
13	《注射用青霉素钾（钠）中非法添加解热镇痛类药物检查方法》	注射用青霉素钾（钠）	解热镇痛类药物：安乃近、对乙酰氨基酚、氨基比林、安替比林、	HPLC	4	2016. 9. 23	
14	《氟苯尼考制剂中非法添加烟酰胺、氨茶碱检查方法》	氟苯尼考制剂：氟苯尼考粉、氟苯尼考可溶性粉、氟苯尼考预混剂	烟酰胺、氨茶碱	HPLC	2	2016. 9. 23	
15	《氟喹诺酮类制剂中非法添加对乙酰氨基酚、安乃近检查方法》	氟喹诺酮类制剂：氧氟沙星、诺氟沙星（及其盐）、恩诺沙星（及其盐）、环丙沙星（及其盐）注射液、可溶性粉及粉剂	对乙酰氨基酚、安乃近	HPLC	2	2016. 9. 23	
16	《硫酸庆大霉素注射液中非法添加甲氧苄啶检查方法》	硫酸庆大霉素注射液	甲氧苄啶	HPLC	1	2016. 9. 23	

（续表）

序号	非法添加物检测方法标准名称	兽药制剂	非法添加物	技术方法	检测品种数	发布时间	文件/公告号
17	《氟苯尼考固体制剂中非法添加β-受体激动剂检查方法》	氟苯尼考固体制剂：氟苯尼考粉、可溶性粉、预混剂	β-受体激动剂：克伦特罗、莱克多巴胺、沙丁胺醇、西马特罗、西布特罗、妥布特罗、马布特罗、特布他林、氯丙那林	HPLC-MS/MS	9	2016.9.23	公告2448号《兽药制剂中非法添加磺胺类药物检查方法》等34项检查方法（修订31个；新建3个）
18	《盐酸林可霉素制剂中非法添加对乙酰氨基酚、安乃近检查方法》	盐酸林可霉素制剂：盐酸林可霉素可溶性粉、注射液	乙酰氨基酚、安乃近	HPLC	2	2016.9.23	
19	《黄芪多糖注射液中非法添加地塞米松磷酸钠检查方法》	黄芪多糖注射液	地塞米松磷酸钠	HPLC	1	2016.9.23	
20	《氟苯尼考液体制剂中非法添加β-受体激动剂检查方法》	氟苯尼考液体制剂：氟苯尼考注射液、溶液	β-受体激动剂：克伦特罗、莱克多巴胺、沙丁胺醇、西马特罗、西布特罗、妥布特罗、马布特罗、特布他林、氯丙那林	HPLC-MS/MS	9	2016.9.23	
21	《柴胡注射液中非法添加利巴韦林检查方法》	柴胡注射液	利巴韦林	HPLC	1	2016.9.23	
22	《柴胡注射液中非法添加盐酸吗啉胍、金刚烷胺、金刚乙胺检查方法》	柴胡注射液	盐酸吗啉胍、金刚烷胺、金刚乙胺	HPLC-MS/MS	3	2016.9.23	
23	《柴胡注射液中非法添加对乙酰氨基酚检查方法》	柴胡注射液	对乙酰氨基酚	HPLC	1	2016.9.23	
24	《鱼腥草注射液中非法添加甲氧氯普胺检查方法》	鱼腥草注射液	甲氧氯普胺	HPLC	1	2016.9.23	
25	《鱼腥草注射液中非法添加林可霉素检查方法》	鱼腥草注射液	林可霉素	HPLC-MS/MS	1	2016.9.23	

（续表）

序号	非法添加物检测方法标准名称	兽药制剂	非法添加物	技术方法	检测品种数	发布时间	文件/公告号
26	《鱼腥草注射液中非法添加水杨酸、氧氟沙星检查方法》	鱼腥草注射液	水杨酸、氧氟沙星	HPLC	2	2016.9.23	公告2448号《兽药制剂中非法添加磺胺类药物检查方法》等34项检查方法（修订31个；新建3个）
27	《中兽药散剂中非法添加金刚烷胺和金刚乙胺检查方法》	中兽药散剂：白头翁散、苍术香连散、银翘散	金刚烷胺、金刚乙胺	HPLC-MS/MS	2	2016.9.23	
28	《扶正解毒散中非法添加茶碱、安乃近检查方法》	扶正解毒散	茶碱、安乃近	HPLC	2	2016.9.23	
29	《黄连解毒散中非法添加对乙酰氨基酚、盐酸溴己新检查方法》	黄连解毒散	对乙酰氨基酚、盐酸溴己新	HPLC	2	2016.9.23	
30	《酒石酸泰乐菌素可溶性粉中非法添加茶碱检查方法》	酒石酸泰乐菌素可溶性粉	茶碱	HPLC	1	2016.9.23	
31	《硫酸安普霉素可溶性粉中非法添加诺氟沙星检查方法》	硫酸安普霉素可溶性粉	诺氟沙星	HPLC	1	2016.9.23	
32	《硫酸黏菌素预混剂中非法添加乙酰甲喹检查方法》	硫酸黏菌素预混剂	乙酰甲喹	HPLC	1	2016.9.23	
33	《硫酸安普霉素可溶性粉中非法添加头孢噻肟检查方法》	硫酸安普霉素可溶性粉	头孢噻肟	HPLC	1	2016.9.23	
34	《阿维拉霉素预混剂中非法添加莫能菌素检查方法》	阿维拉霉素预混剂	莫能菌素	HPLC-MS/MS	1	2016.9.23	
35	《甘草颗粒中非法添加吲哚美辛检查方法》	甘草颗粒	吲哚美辛	HPLC	1	2016.9.23	

（续表）

序号	非法添加物检测方法标准名称	兽药制剂	非法添加物	技术方法	检测品种数	发布时间	文件/公告号
36	《兽药制剂中非法添加磺胺类药物检查方法》	阿莫西林可溶性粉、氟苯尼考粉、盐酸林可霉素注射液、伊维菌素注射液、恩诺沙星注射液、盐酸环丙沙星可溶性粉、鱼腥草注射液、止痢散、黄芪多糖注射液、健胃散	磺胺类药物：磺胺嘧啶、磺胺二甲嘧啶、磺胺对甲氧嘧啶、磺胺间甲氧嘧啶、磺胺甲噁唑	HPLC	5	2016. 9. 23	公告 2448 号《兽药制剂中非法添加磺胺类药物检查方法》等 34 项检查方法（修订 31 个；新建 3 个）
37	《兽药中非法添加甲氧苄啶检查方法》	替米考星预混剂、磷酸泰乐菌素预混剂、盐酸多西环素可溶性粉、乳酸环丙沙星可溶性粉及注射液、恩诺沙星注射液	甲氧苄啶	HPLC	1	2016. 10. 8	公告 2451 号
38	《兽药中非法添加氨茶碱和二羟丙茶碱检查方法》	环丙沙星注射液及可溶性粉、恩诺沙星注射液、替米考星注射液及预混剂、盐酸多西环素可溶性粉、酒石酸泰乐菌素可溶性粉、磷酸泰乐菌素预混剂、金花平喘散、荆防败毒散、麻杏石甘散	氨茶碱、二羟丙茶碱	HPLC	2	2016. 10. 8	
39	《兽药中非法添加对乙酰氨基酚、安乃近、地塞米松和地塞米松磷酸钠检查方法》	氟苯尼考粉及预混剂、泰乐菌素预混剂、替米考星预混剂及注射液、板蓝根注射液、穿心莲注射液	对乙酰氨基酚、安乃近、地塞米松和地塞米松磷酸钠	HPLC	4	2016. 10. 8	
40	《兽药中非法添加喹乙醇和乙酰甲喹检查方法》	硫酸黏菌素可溶性粉及预混剂、黄连解毒散、白头翁散	喹乙醇和乙酰甲喹	HPLC	2	2016. 10. 8	
41	《硫酸黏菌素制剂中非法添加阿托品检查方法》	硫酸黏菌素制剂：硫酸黏菌素可溶性粉、硫酸黏菌素预混剂	阿托品	HPLC-MS∣MS	1	2016. 10. 8	

（续表）

序号	非法添加物检测方法标准名称	兽药制剂	非法添加物	技术方法	检测品种数	发布时间	文件/公告号
42	《鱼腥草注射液中非法添加庆大霉素检查方法》	鱼腥草注射液	庆大霉素	HPLC-MS/MS	1	2017.2.27	公告 2494 号
43	《兽药中非法添加非泼罗尼检查方法》	阿维菌素粉	非泼罗尼	HPLC	1	2017.8.31	公告 2571 号
44	《兽药中非法添加药物快速筛查法（液相色谱—二级管阵列法）》	兽药	兽药及其原料与辅料中紫外光谱图库中所列 153 种药物	1. UPLC; 2. HPLC	紫外光谱图库 153	2019.5.16	公告 169 号
45	《麻杏石甘口服液、杨树花口服液中非法添加黄芩苷检查方法》	麻杏石甘口服液、杨树花口服液	黄芩苷	HPLC	1	2019.7.31	公告 199 号
46	《兽药中非特定非法添加物质检查方法》	兽药	非特定非法添加物质：对人或动物具有药理活性或毒性作用等的物质	1. HPLC; 2. HPLC-HR-MS; 3. HPLC-MS/MS	非特定	2020.5.9	公告 289 号
47	《中兽药固体制剂中非法添加物质检查方法——显微鉴别法》	不含动物类、矿物类药材的中兽药散剂；中兽药散剂、颗粒剂、胶囊剂、片剂、丸剂、锭剂	化学成分；其他药物	ME	非特定	2020.5.9	
48	《兽药中非法添加硝基咪唑类药物检查方法》	盐酸多西环素可溶性粉、硫酸新霉素可溶性粉	罗硝唑、甲硝唑、替硝唑、地美硝唑、奥硝唑或异丙硝唑	HPLC	5	2020.5.9	

（续表）

序号	非法添加物检测方法标准名称	兽药制剂	非法添加物	技术方法	检测品种数	发布时间	文件/公告号
49	《兽药中非法添加四环素类药物的检查方法》	麻杏石甘散、银翘散、替米考星预混剂、氟苯尼考预混剂、磺胺氯吡嗪钠可溶性粉	四环素类药物：土霉素、盐酸四环素、盐酸金霉素或多西环素	HPLC	类	2020. 11. 19	公告 361 号
50	《兽药固体制剂中非法添加酰胺醇类药物的检查方法》	健胃散、止痢散、球虫散、胃肠活、阿莫西林可溶性粉、氨苄西林可溶性粉、硫酸新霉素可溶性粉、盐酸大观霉素林可霉素可溶性粉、盐酸土霉素预混剂、注射用盐酸土霉素、盐酸金霉素可溶性粉、酒石酸泰乐菌素可溶性粉、硫酸红霉素可溶性粉、替米考星预混剂、盐酸林可霉素可溶性粉、硫酸黏菌素可溶性粉、恩诺沙星可溶性粉、盐酸环丙沙星可溶性粉、氧氟沙星可溶性粉、盐酸环丙沙星小檗碱预混剂、阿苯达唑伊维菌素预混剂、阿维菌素粉、地克珠利预混剂、维生素C 可溶性粉、复方维生素 B 可溶性粉	酰胺醇类药物：甲砜霉素、氟苯尼考、氯霉素	HPLC	类	2020. 11. 19	

（续表）

序号	非法添加物检测方法标准名称	兽药制剂	非法添加物	技术方法	检测品种数	发布时间	文件/公告号
51	《兽药制剂中非法添加磺胺类及喹诺酮类25种化合物检查方法》	黄芪多糖注射液、维生素C可溶性粉、硫酸卡那霉素注射液	磺胺脒、磺胺、磺胺二甲异嘧啶钠、磺胺醋酰、磺胺嘧啶、甲氧苄啶、磺胺吡啶、马波沙星、磺胺甲基嘧啶、氧氟沙星、培氟沙星、洛美沙星、达氟沙星、恩诺沙星、磺胺间甲氧嘧啶、磺胺氯达嗪钠、沙拉沙星、磺胺多辛、磺胺甲噁唑、磺胺异噁唑、磺胺苯甲酰、磺胺氯吡嗪钠、磺胺地索辛、磺胺喹噁啉或磺胺苯吡唑等磺胺类及喹诺酮类25种化合物	HPLC	25	2021.1.11	公告384号

注：HPLC 高效液相色谱；

UPLC 超高效液相色谱；

TLC 薄层色谱；

PDA 二级管阵列检测器（PADA、DAD）；

MS | MS 串联质谱；

HR-MS 高分辨质谱；

ME 显微镜检查。

三、现有标准的检测对象和目标物质

兽药非法添加物检测方法标准的检测对象和目标物质，从单个制剂检测向一类制剂检测发展，从检测单个目标化合物检测向一类目标化合物扩增，标准名称从“××制剂非法添加××品种”到“兽药中非法添加××类物质”转变。出现了兽药中非特定非法添加物质检查方法。

检测标准涉及73种目标兽药制剂、2个兽药通用检测标准、1个中兽药散剂检测标准。其中，6个兼顾中药和化药制剂检测方法标准；26个专门用于化药制剂的检测方法标准［主要用于注射液、可溶性粉、粉剂、预混剂（如氟喹诺酮类制剂、氟苯尼考制剂）］；19个专门用于中药制剂的检测方法标准［9个用于注射液（主要是鱼腥草注射液、柴胡注射液、黄芪多糖注射液），7个用于中药散剂，以及颗粒剂、口服液等］。有关数据见表3。

表3　检测非法添加物有关制剂标准统计

序号	制剂名称	个次	序号	制剂名称	个次
1	氟苯尼考粉	7	13	氟苯尼考可溶性粉	3
2	氟苯尼考预混剂	6	14	酒石酸泰乐菌素可溶性粉	3
3	替米考星预混剂	6	15	硫酸黏菌素可溶性粉	3
4	银翘散	6	16	硫酸黏菌素预混剂	3
5	鱼腥草注射液	5	17	盐酸多西环素可溶性粉	3
6	恩诺沙星注射液	4	18	阿维菌素粉	2
7	黄芪多糖注射液	4	19	苍术香连散	2
8	健胃散	4	20	肥猪散	2
9	止痢散	4	21	氟苯尼考溶液	2
10	阿莫西林可溶性粉	3	22	氟苯尼考注射液	2
11	白头翁散	3	23	环丙沙星可溶性粉	2
12	柴胡注射液	3	24	环丙沙星注射液	2

（续表）

序号	制剂名称	个次	序号	制剂名称	个次
25	黄连解毒散	2	51	磺胺氯吡嗪钠可溶性粉	1
26	磷酸泰乐菌素预混剂	2	52	金花平喘散	1
27	硫酸安普霉素可溶性粉	2	53	荆防败毒散	1
28	硫酸卡那霉素注射液	2	54	硫酸红霉素可溶性粉	1
29	硫酸新霉素可溶性粉	2	55	硫酸庆大霉素注射液	1
30	麻杏石甘散	2	56	麻杏石甘口服液	1
31	清瘟败毒散	2	57	诺氟沙星（及其盐）	1
32	乳酸环丙沙星注射液	2	58	清热散	1
33	替米考星注射液	2	59	球虫散	1
34	维生素 C 可溶性粉	2	60	乳酸环丙沙星可溶性粉	1
35	胃肠活	2	61	泰乐菌素预混剂	1
36	盐酸环丙沙星可溶性粉	2	62	替米考星预混剂	1
37	盐酸林可霉素可溶性粉	2	63	盐酸大观霉素林可霉素可溶性粉	1
38	盐酸林可霉素注射液	2	64	盐酸环丙沙星小檗碱预混剂	1
39	阿苯达唑伊维菌素预混剂	1	65	盐酸金霉素可溶性粉	1
40	阿维拉霉素预混剂	1	66	盐酸土霉素预混剂	1
41	氨苄西林可溶性粉	1	67	杨树花口服液	1
42	板蓝根注射液	1	68	氧氟沙星	1
43	穿心莲注射液	1	69	氧氟沙星可溶性粉	1
44	地克珠利预混剂	1	70	氧氟沙星制剂	1
45	恩诺沙星（及其盐）	1	71	伊维菌素注射液	1
46	恩诺沙星可溶性粉	1	72	注射用青霉素钾（钠）	1
47	扶正解毒散	1	73	注射用盐酸土霉素	1
48	复方维生素 B 可溶性粉	1	74	不含动物类矿物类药材的中兽药散剂；中兽药散剂、颗粒剂、胶囊剂、片剂、丸剂、锭剂	1
49	甘草颗粒	1			
50	环丙沙星（及其盐）粉剂	1		总计	148

检测目标药物（物质），除非特定物质以外，包括 84 种（141 个次），以及紫外光谱图库涵盖的 153 种目标物。在添加物品种类别上，主要是解热镇痛类药物（12 项标准），氟喹诺酮类药物（5 项标准），β-受体激动剂（2 项标

准)，以及磺胺类、抗生素类、抗病毒类，其中，对乙酰氨基酚、安乃近、氧氟沙星、诺氟沙星、乙酰甲喹、安替比林、氨基比林、恩诺沙星、磺胺间甲氧嘧啶、甲氧苄啶、喹乙醇都是重点关注对象。有关数据见表 4。

表 4　检测非法添加目标药物（物质）关注度统计

序号	检测非法添加物名称	个次	序号	检测非法添加物名称	个次
1	对乙酰氨基酚	8	25	氯霉素	2
2	安乃近	7	26	马布特罗	2
3	氧氟沙星	5	27	沙丁胺醇	2
4	诺氟沙星	4	28	特布他林	2
5	乙酰甲喹	4	29	妥布特罗	2
6	安替比林	3	30	西布特罗	2
7	氨基比林	3	31	西马特罗	2
8	恩诺沙星	3	32	盐酸吗啉胍	2
9	磺胺间甲氧嘧啶	3	33	地塞米松磷酸钠	2
10	甲氧苄啶	3	34	阿托品	1
11	喹乙醇	3	35	奥硝唑或异丙硝唑	1
12	氨茶碱	2	36	达氟沙星	1
13	茶碱	2	37	地美硝唑	1
14	环丙沙星	2	38	地塞米松	1
15	磺胺二甲嘧啶	2	39	多西环素	1
16	磺胺甲噁唑	2	40	二羟丙茶碱	1
17	磺胺嘧啶	2	41	非泼罗尼	1
18	金刚烷胺	2	42	呋喃妥因	1
19	金刚乙胺	2	43	呋喃西林	1
20	克伦特罗	2	44	呋喃唑酮	1
21	莱克多巴胺	2	45	氟苯尼考	1
22	利巴韦林	2	46	黄芩苷	1
23	林可霉素	2	47	磺胺	1
24	氯丙那林	2	48	磺胺苯甲酰	1

（续表）

序号	检测非法添加物名称	个次	序号	检测非法添加物名称	个次
49	磺胺吡啶	1	69	萘普生	1
50	磺胺醋酰	1	70	尼可刹米	1
51	磺胺地索辛	1	71	培氟沙星	1
52	磺胺对甲氧嘧啶	1	72	庆大霉素	1
53	磺胺多辛	1	73	沙拉沙星	1
54	磺胺二甲异嘧啶钠	1	74	双氯芬酸钠	1
55	磺胺甲基嘧啶	1	75	水杨酸	1
56	磺胺喹噁啉	1	76	替硝唑	1
57	磺胺苯吡唑	1	77	头孢噻肟	1
58	磺胺氯吡嗪钠	1	78	土霉素	1
59	磺胺氯达嗪钠	1	79	烟酰胺	1
60	磺胺脒	1	80	盐酸金霉素	1
61	磺胺异噁唑	1	81	盐酸四环素	1
62	甲砜霉素	1	82	盐酸溴已新	1
63	甲硝唑	1	83	乙酰氨基酚	1
64	甲氧氯普胺	1	84	吲哚美辛	1
65	罗硝唑	1	85	化学成分；其他药物	
66	洛美沙星	1	86	兽药及其原料与辅料中紫外光谱图库中所列 153 种药物	
67	马波沙星	1	87	非特定非法添加物质：对人或动物具有药理活性或毒性作用等的物质	
68	莫能菌素	1		总计	141

四、现有兽药非法添加物检测方法

目前，兽药非法添加物检测方法主要应用高效液相色谱法或结合串联质谱法、高分辨质谱法，以及显微镜检查法、薄层色谱法。

现行有效的51个非法添加物检测方法标准中，应用高效液相色谱—二极管阵列法40项；超高效液相色谱—二极管阵列法1项；高效液相色谱—串联质谱法10项；高效液相色谱—高分辨质谱法1项；薄层色谱法2项；显微镜检查法4项。

（一）同时测定多种非法添加兽药的方法

研究同时测定多种非法添加兽药的方法可以有效提高检测效率。如“兽药制剂中非法添加磺胺类及喹诺酮类25种化合物检查方法”同时测定25种化合物、“兽药制剂中非法添加磺胺类药物检查方法”能将5种磺胺类化合物从9种沙星类化合物和中药中分离出来。

同时测定22种磺胺类药物和9种喹诺酮类药物的UPLC方法，22种磺胺类药物包括：磺胺脒、磺胺、苯磺酰胺、磺胺醋酰、磺胺嘧啶、甲氧苄啶、磺胺吡啶、磺胺甲基嘧啶、磺胺二甲嘧啶、磺胺对甲氧嘧啶、磺胺甲氧哒嗪、磺胺间甲氧嘧啶、磺胺氯哒嗪钠、磺胺多辛、磺胺甲噁唑、磺胺异噁唑、磺胺苯甲酰、磺胺氯吡嗪钠、磺胺地索辛、磺胺喹噁啉、磺胺苯吡唑、磺胺硝苯；9种喹诺酮类药物包括：马波沙星、氧氟沙星、洛美沙星、二氟沙星、培氟沙星、环丙沙星、达氟沙星、恩诺沙星、沙拉沙星。

兽药制剂中非法添加磺胺类药物检查方法，将9种磺胺类化合物（磺胺嘧啶、磺胺噻唑、磺胺二甲嘧啶、磺胺对甲氧嘧啶、磺胺间甲氧嘧啶、磺胺氯哒嗪钠、磺胺甲噁唑、磺胺氯吡嗪钠、磺胺喹噁啉）从9种沙星类化合物（氧氟沙星、乳酸诺氟沙星、培氟沙星、环丙沙星、洛美沙星、甲磺酸达氟沙星、恩诺沙星、沙拉沙星、盐酸二氟沙星）中分离出来。

（二）检测方法适用性的拓展

从2016年开始，包括2448号公告发布的检测标准，增加了“用于其他制剂中某种药物（物质）检查时，需进行空白试验和检测限测定”内容，扩大了检测方法的适用性。

（三）兽药非法添加物目标数据库的建立

农业农村部2019年公告169号公布适用于兽药及其原料与辅料中紫外光谱图库中所列非法添加药物筛查的检测方法“兽药中非法添加药物快速筛查法（液相色谱—二极管阵列法）”，其数据库涵盖150余化合物，300余张光谱图，包括标准物质的溶液浓度、色谱条件、色谱图及其保留时间等信息。兽药非法添加物数据库的建立为快速筛查打下坚实基础。

第三部分　检测方法

一、筛查法及非特定物质检查方法

序号	非法添加物检测方法标准名称	兽药制剂	非法添加物	技术方法	检测品种数
44	《兽药中非法添加药物快速筛查法（液相色谱—二级管阵列法）》	兽药	兽药及其原料与辅料中紫外光谱图库中所列153种药物	1. UPLC； 2. HPLC	紫外光谱图库153种
46	《兽药中非特定非法添加物质检查方法》	兽药	非特定非法添加物质：对人或动物具有药理活性或毒性作用等的物质	1. HPLC； 2. HPLC-HR-MS； 3. HPLC-MS/MS	非特定
47	《中兽药固体制剂中非法添加物质检查方法——显微鉴别法》	不含动物类、矿物类药材的中兽药散剂；中兽药散剂、颗粒剂、胶囊剂、片剂、丸剂、锭剂	化学成分；其他药物	ME	非特定

（一）兽药中非法添加药物快速筛查法（液相色谱—二级管阵列法）

兽药中非法添加药物快速筛查法
（液相色谱—二极管阵列法）

1　适用范围

1.1　本方法适用于兽药及其原料与辅料中紫外光谱图库中所列非法添加

药物的筛查。

1.2　用于紫外光谱图库之外的具有紫外吸收的非法添加药物的筛查时，需进行空白试验和检测限测定，并测定对照品溶液的紫外光谱图。

2　检查方法

照高效液相色谱法（《中国兽药典》一部附录0512）测定。

2.1　超高效液相色谱—二极管阵列法

色谱条件与系统适用性试验　用十八烷基硅烷键合硅胶为填充剂（ACQUITY UPLC HSS T_3，1.8 μm，2.1mm×100mm）；以水-1moL/L醋酸铵溶液（取醋酸铵77g，加水至1 000mL，用冰醋酸调节pH值至5.0）（99∶1）为流动相A，甲醇-1mol/L醋酸铵溶液（99∶1）为流动相B，按表1进行梯度洗脱；流速0.45mL/min；二极管阵列检测器，采集波长范围为200~400 nm，分辨率为1.2 nm，提取波长按需设定（如230 nm、270 nm、最大值图等）。

表1　色谱条件

时间/min	流动相A/%	流动相B/%
0.00	98	2
0.25	98	2
12.25	1	99
13.00	1	99
13.01	98	2
17.00	98	2

供试品溶液的配制

中药固体制剂　取50mg，加甲醇10mL，超声处理10min（必要时可调整）；

中药液体制剂　取10~20μL，加甲醇10mL，摇匀；

化药液体制剂　取20μL，加甲醇10mL，摇匀；

其他化药制剂　取50mg，加甲醇10mL，超声处理约10min（必要时可调整），用甲醇稀释成含有效成分50~100μg/mL的溶液。

对照品溶液的配制（紫外光谱图库外品种）　用甲醇制成50~100μg/mL的溶液，溶解性差的对照品，可加适量盐酸或氢氧化钾溶液，使其溶解。

测定法　取供试品溶液 2μL 注入液相色谱仪，同时记录色谱图与光谱图。通过与紫外光谱图库中对照光谱图最大吸收波长和图形的比对，确定供试品中是否含有相应非法添加药物。

可根据实验结果调整进样量或浓度，使紫外光谱图光滑、特征清晰。

结果判定　两者光谱图无明显差异，判为可疑阳性结果。

筛查结果呈可疑阳性的样品，需按农业农村部发布的非法添加检查方法标准进一步检验。

2.2　液相色谱—二极管阵列法

色谱条件与系统适用性试验　用十八烷基硅烷键合硅胶为填充剂（Alltima C_{18}，5μm，4.6mm×250mm）；以磷酸二氢钠溶液（取磷酸二氢钠 3.0g，加水 1 000 mL，加三乙胺 0.5mL，用饱和氢氧化钠溶液调 pH 值至 7.0）：甲醇（70∶30）为流动相；流速 1.0mL/min；二极管阵列检测器，采集波长范围为 200~400nm，分辨率为 1.2nm，提取波长按需设定。

供试品溶液的配制　同 2.1。

对照品溶液的配制　同 2.1。

测定法　取供试品溶液 10~20μL 注入液相色谱仪，其他同 2.1。

结果判定　同 2.1。

2.3　液相色谱—二极管阵列法（磺胺类）

色谱条件与系统适用性试验　用十八烷基硅烷键合硅胶为填充剂（Alltima T_3，5μm，4.6mm×250mm）；0.2%冰醋酸溶液∶乙腈（70∶30）为流动相；流速 1.0mL/min；二极管阵列检测器，采集波长范围为 200~400nm，分辨率为 1.2nm，提取波长按需设定。

供试品溶液的配制　同 2.1。

对照品溶液的配制　同 2.1。

测定法　取供试品溶液 10~20μL 注入液相色谱仪，其他同 2.1。

结果判定　同 2.1。

2.4　液相色谱—二极管阵列法（氟喹诺酮类）

色谱条件与系统适用性试验　用十八烷基硅烷键合硅胶为填充剂（Atlantis C_{18}，5μm，4.6mm×250mm）；以磷酸溶液（取磷酸 3mL，加水 1 000 mL，用三乙胺调节 pH 值至 3. 0±0. 1，加乙腈 53mL，摇匀）为流动相 A，乙腈为流动相 B，甲醇为流动相 C，按表 2 进行梯度洗脱；流速 1. 0mL/min；二极管阵列检测器，采集波长范围为 200~400nm，分辨率为 1. 2nm，提取波长按需设定。

表 2　色谱条件

时间/min	流动相 A/%	流动相 B/%	流动相 C/%
0	89. 6	6. 2	4. 2
30. 00	89. 6	6. 2	4. 2
30. 20	90	10	0
55. 00	90	10	0
55. 20	89. 6	6. 2	4. 2
65. 00	89. 6	6. 2	4. 2

供试品溶液的配制　同 2. 1。

对照品溶液的配制　同 2. 1。

测定法　取供试品溶液 10~20μL 注入液相色谱仪，其他同 2. 1。

结果判定　同 2. 1。

附：紫外光谱图库

紫外光谱图库

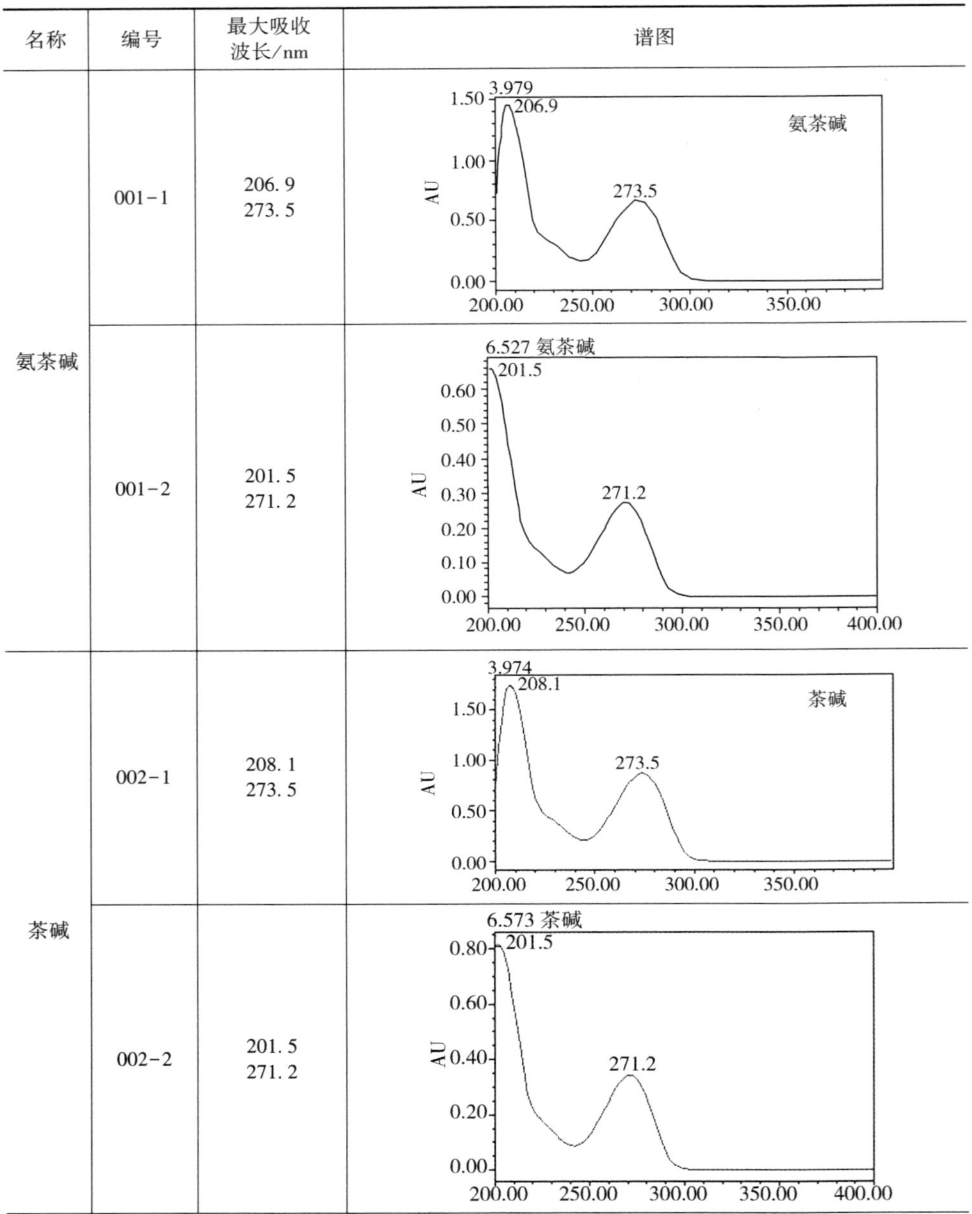

名称	编号	最大吸收波长/nm	谱图
氨茶碱	001-1	206.9 273.5	
	001-2	201.5 271.2	
茶碱	002-1	208.1 273.5	
	002-2	201.5 271.2	

注：编号由品种序号和方法序号组成，-1 是指方法 2.1，-2 是指方法 2.2，-3 是指方法 2.3，-4 是指方法 2.4，对应谱图为该方法条件下所得。

（续表）

名称	编号	最大吸收波长/nm	谱图
二羟丙茶碱	003-1	208.1 275.9	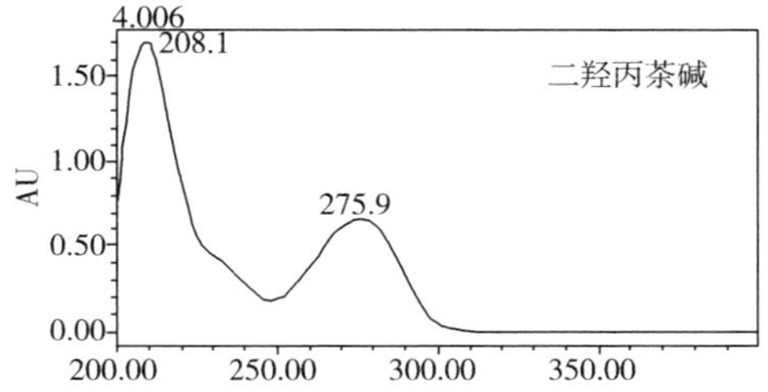 4.006 208.1 二羟丙茶碱 275.9
	003-2	205.1 272.4	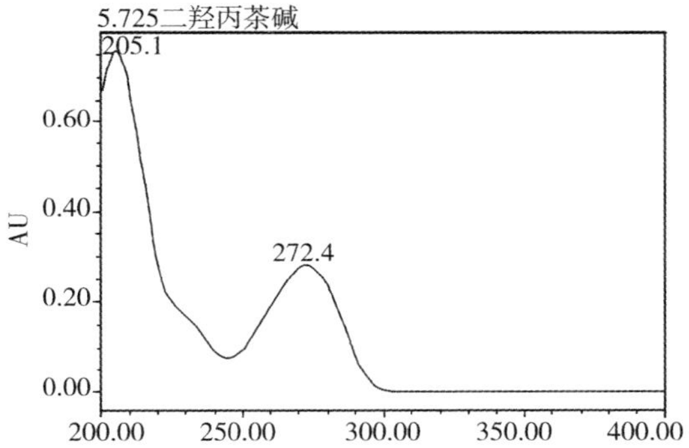 5.725二羟丙茶碱 205.1 272.4
己酮可可碱	004-1	208.1 275.9	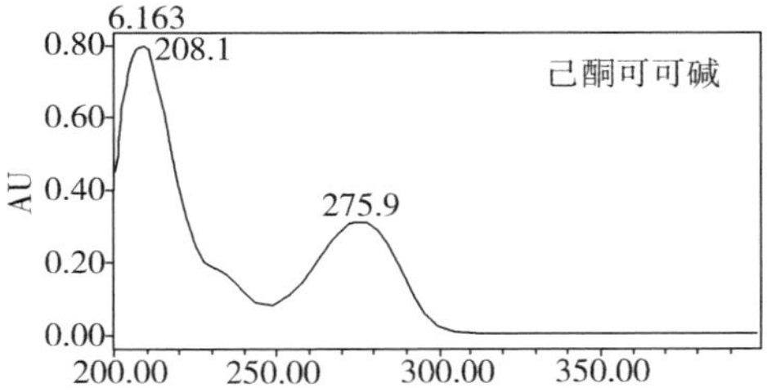 6.163 208.1 己酮可可碱 275.9
	004-2	206.2 273.6	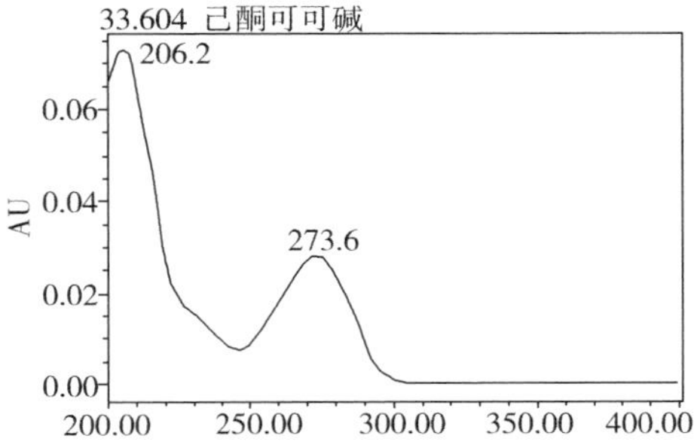 33.604 己酮可可碱 206.2 273.6

（续表）

名称	编号	最大吸收波长/nm	谱图
烟酰胺	005-1	216.4 264.0	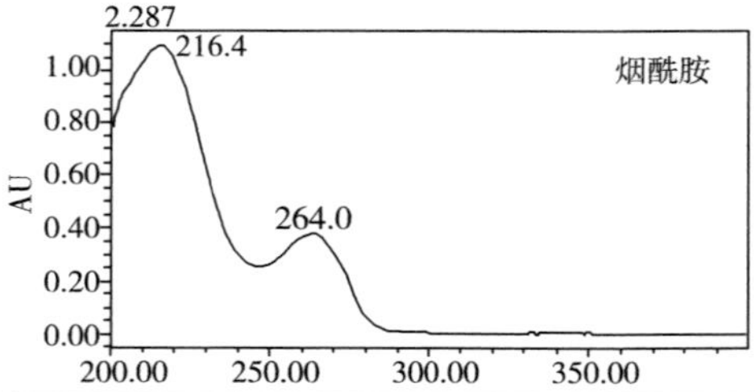
	005-2	213.3 261.7	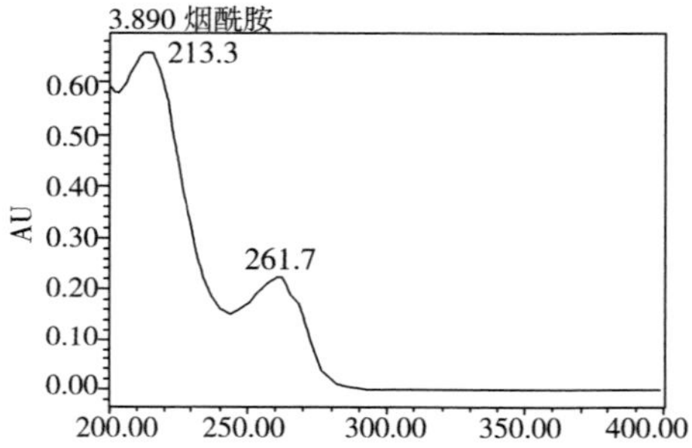
喹乙醇	006-1	204.5 241.3 262.8	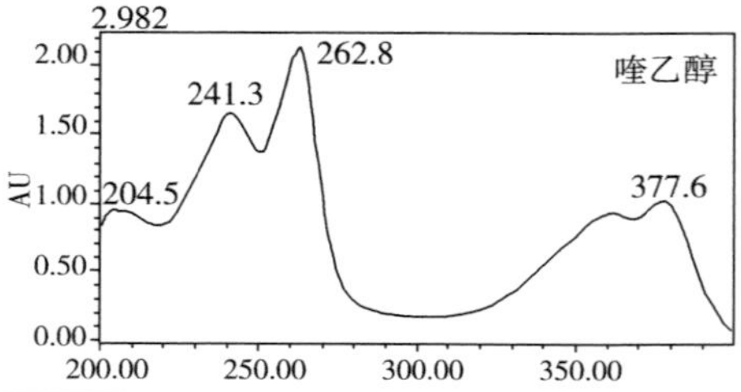
	006-2	238.1 260.5	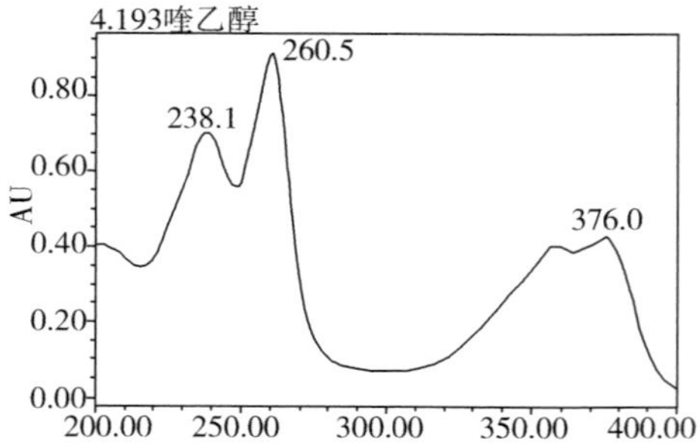

（续表）

名称	编号	最大吸收波长/nm	谱图
乙酰甲喹	007-1	242.5 259.2	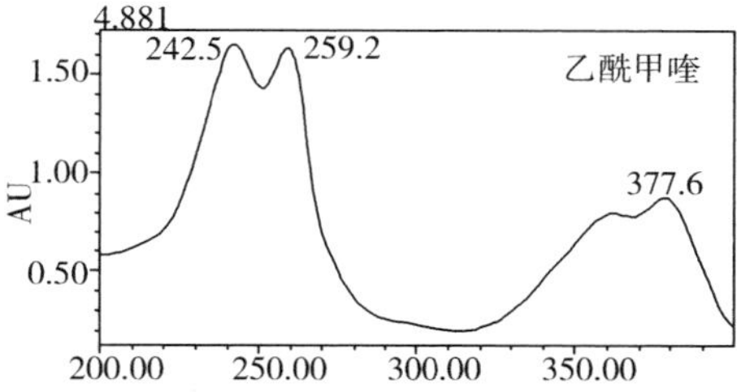 4.881 乙酰甲喹 242.5 259.2 377.6 AU 1.50 1.00 0.50 200.00 250.00 300.00 350.00
	007-2	239.2 255.8	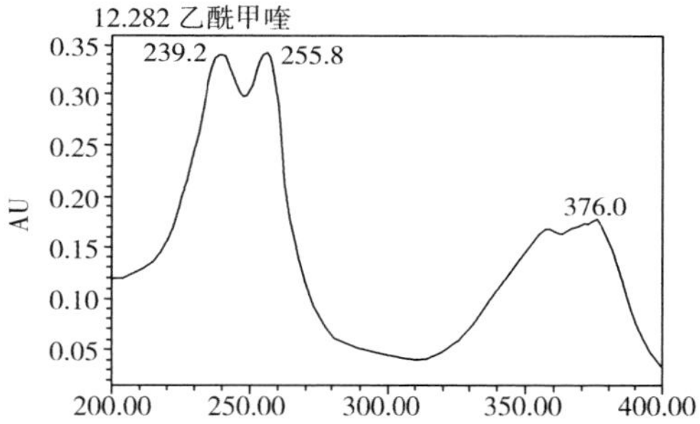 12.282 乙酰甲喹 239.2 255.8 376.0 AU 0.35 0.30 0.25 0.20 0.15 0.10 0.05 200.00 250.00 300.00 350.00 400.00
喹烯酮	008-1	234.2 261.6 316.7	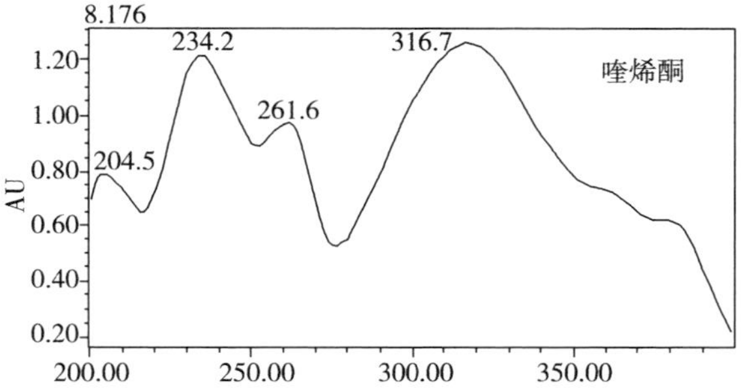 8.176 喹烯酮 204.5 234.2 261.6 316.7 AU 1.20 1.00 0.80 0.60 0.40 0.20 200.00 250.00 300.00 350.00
	008-2		不出峰

（续表）

名称	编号	最大吸收波长/nm	谱图
卡巴氧	009-1	240. 1 308. 3 378. 8	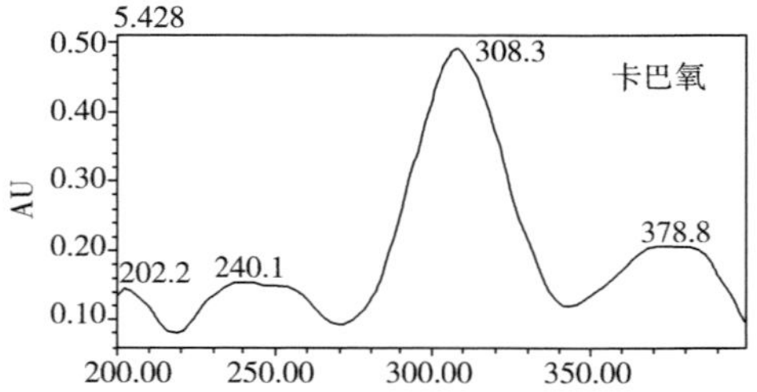 5.428 卡巴氧 AU 0.10 0.20 0.30 0.40 0.50 200.00 250.00 300.00 350.00 202.2 240.1 308.3 378.8
	009-2	236. 9 304. 5 376. 0	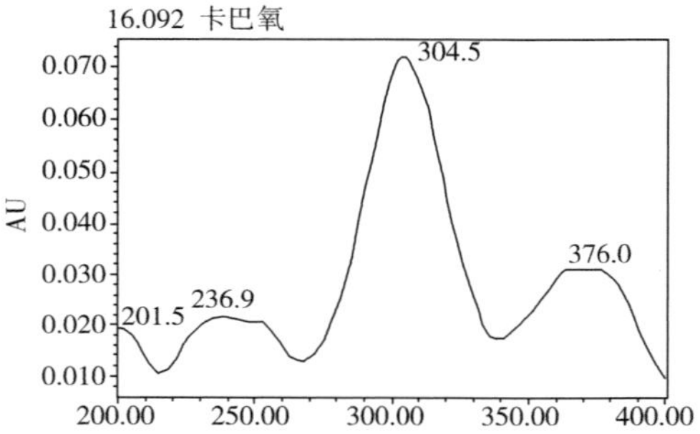 16.092 卡巴氧 AU 0.010 0.020 0.030 0.040 0.050 0.060 0.070 200.00 250.00 300.00 350.00 400.00 201.5 236.9 304.5 376.0
诺氟沙星	010-1	209. 3 280. 7 317. 9	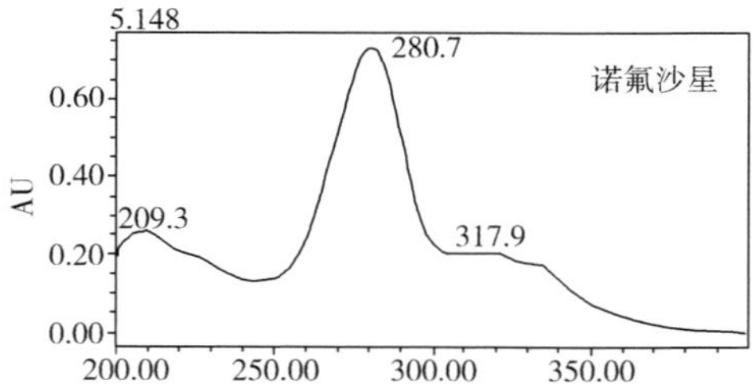 5.148 诺氟沙星 AU 0.00 0.20 0.40 0.60 200.00 250.00 300.00 350.00 209.3 280.7 317.9
	010-2	228. 6 272. 4 323. 6	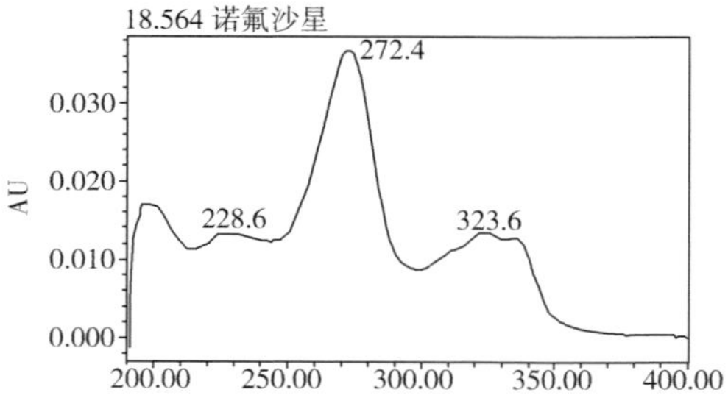 18.564 诺氟沙星 AU 0.000 0.010 0.020 0.030 200.00 250.00 300.00 350.00 400.00 228.6 272.4 323.6

（续表）

名称	编号	最大吸收波长/nm	谱图
诺氟沙星	010-4	278.5	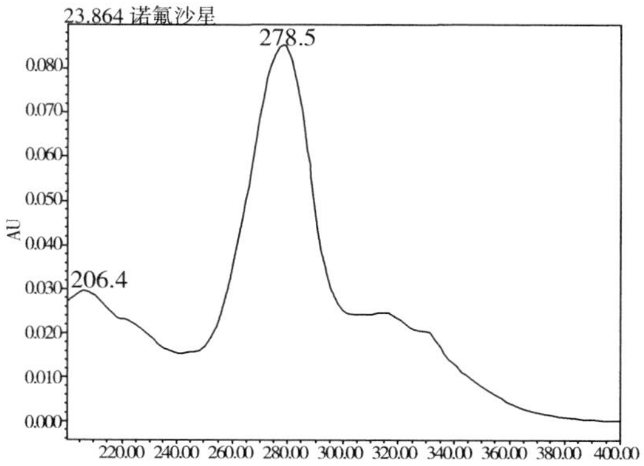
吡哌酸	011-1	218.8 274.7 326.3	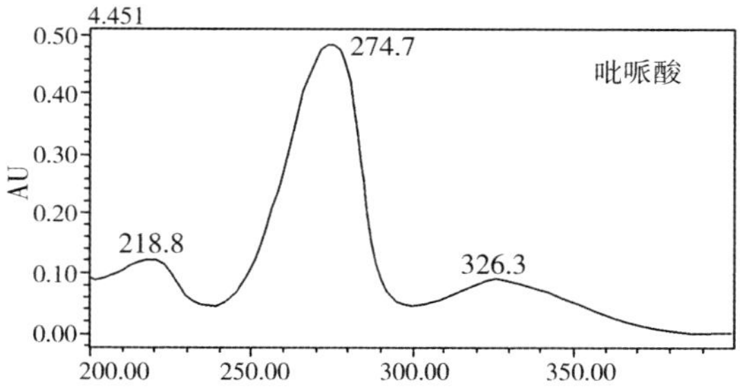
	011-2	226.3 264.1 331.9	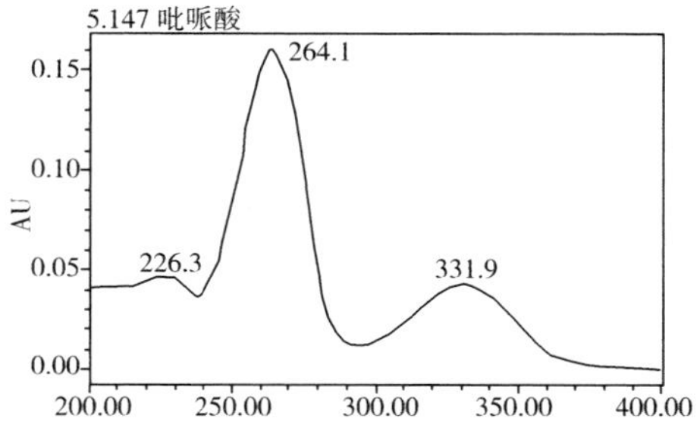

（续表）

名称	编号	最大吸收波长/nm	谱图
氧氟沙星	012-1	228. 3 296. 3	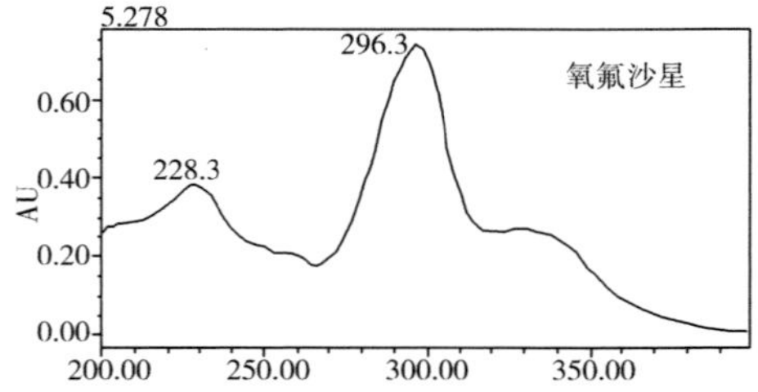
	012-2	226. 3 254. 6 287. 8 330. 7	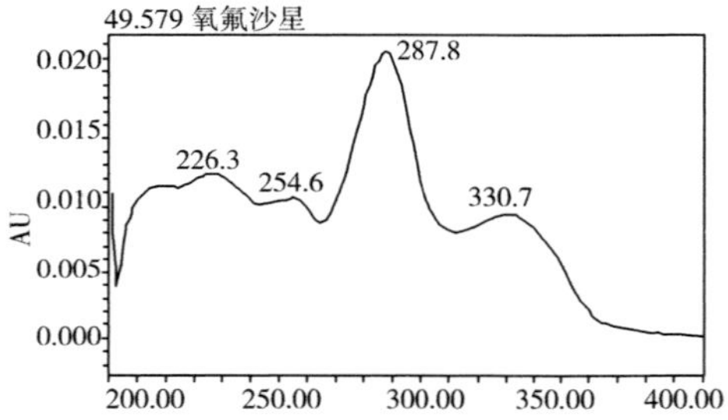
	012-4	226. 4 293. 9	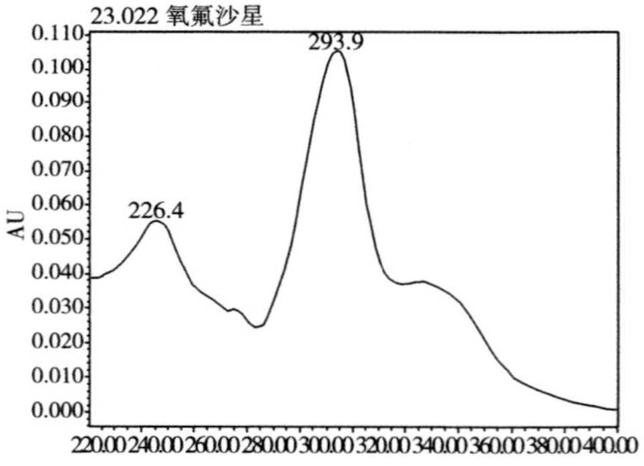

（续表）

名称	编号	最大吸收波长/nm	谱图
环丙沙星	013-1	288.7 319.1	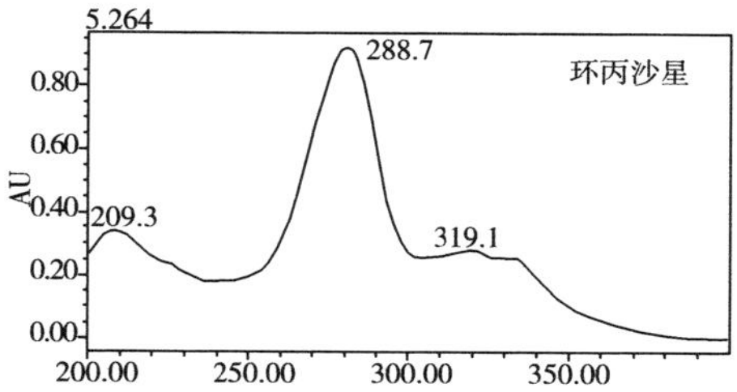 5.264 环丙沙星 AU 209.3 288.7 319.1
	013-2	271.2 323.6	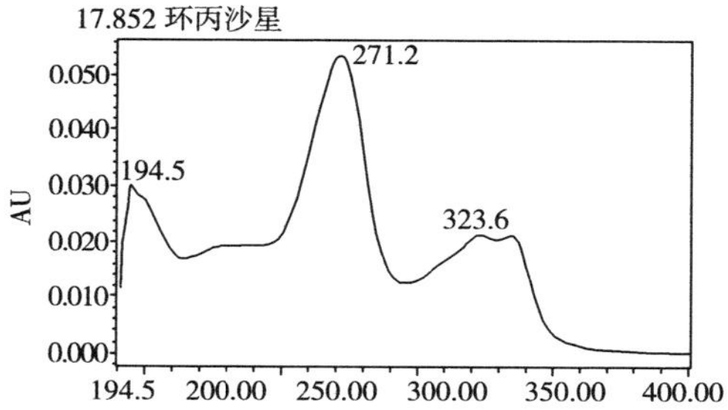 17.852 环丙沙星 AU 194.5 271.2 323.6
	013-4	278.5 315.4	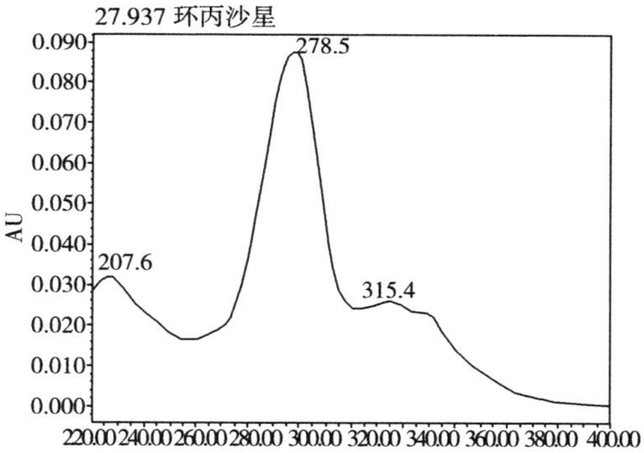 27.937 环丙沙星 AU 207.6 278.5 315.4

（续表）

<table>
<tr><th>名称</th><th>编号</th><th>最大吸收波长/nm</th><th>谱图</th></tr>
<tr><td rowspan="3">洛美沙星</td><td>014-1</td><td>212. 8
289. 1
323. 9</td><td>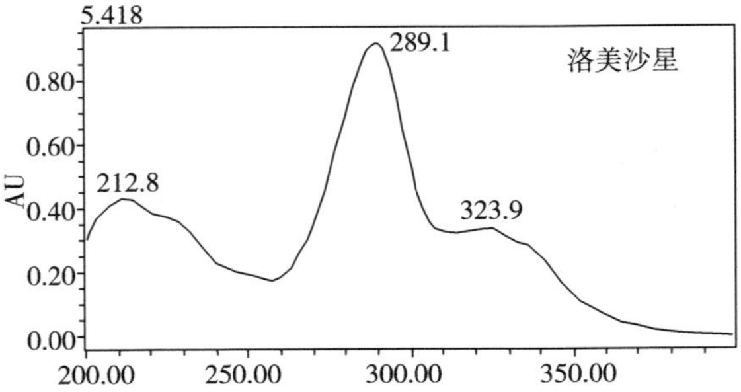
</td></tr>
<tr><td>014-2</td><td>280. 7
326. 0</td><td>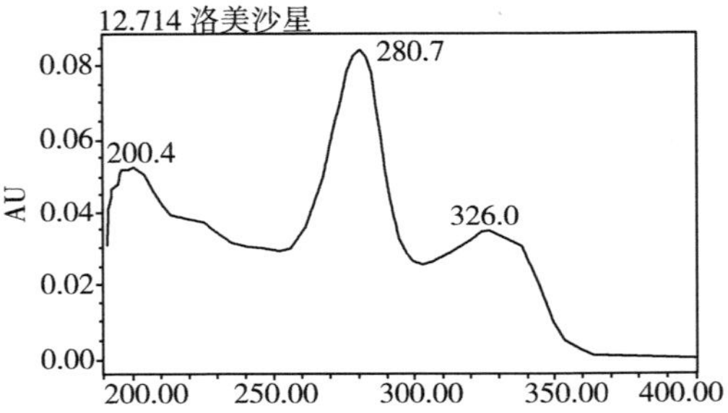
</td></tr>
<tr><td>014-4</td><td>288. 0
320. 1</td><td>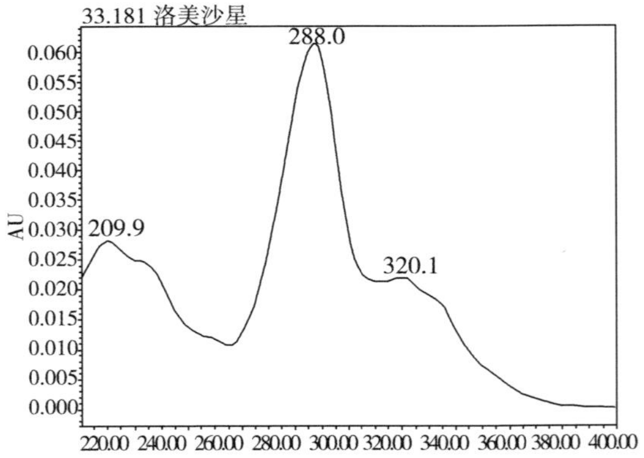
</td></tr>
</table>

（续表）

名称	编号	最大吸收波长/nm	谱图
达氟沙星	015-1	285. 5 347. 5	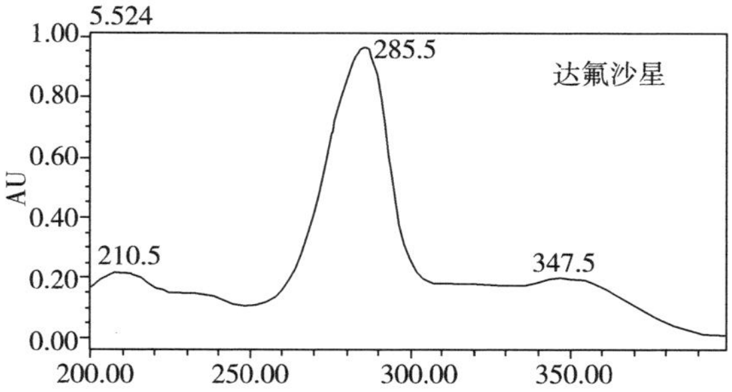
	015-2		60min 不出峰
	015-4	283. 2 347. 6	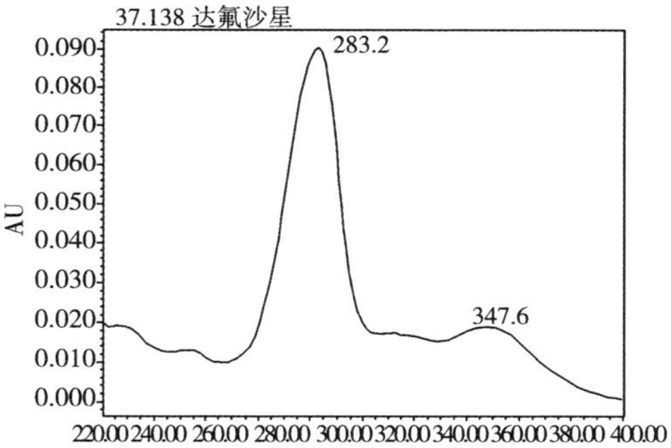
沙拉沙星	016-1	281. 9 321. 5	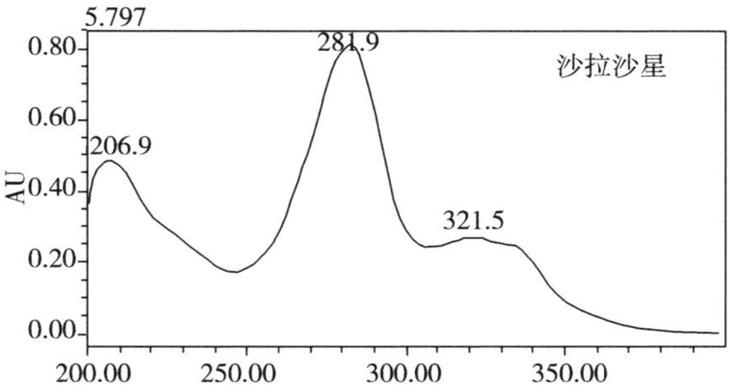

（续表）

名称	编号	最大吸收波长/nm	谱图
沙拉沙星	016-2	232.2 273.6 323.6	20.498 沙拉沙星
	016-4	280.8 316.6	50.726 沙拉沙星
培氟沙星	017-1	280.7 319.1	6.132 培氟沙星

（续表）

名称	编号	最大吸收波长/nm	谱图
培氟沙星	017-2		60min 不出峰
	017-4	277.3 315.4	25.862 培氟沙星；AU；峰：206.4、277.3、315.4
恩诺沙星	018-1	280.7 319.1	6.590 恩诺沙星；AU；峰：208.1、280.7、319.1
	018-2		120min 以后出峰
	018-4	277.3 315.4	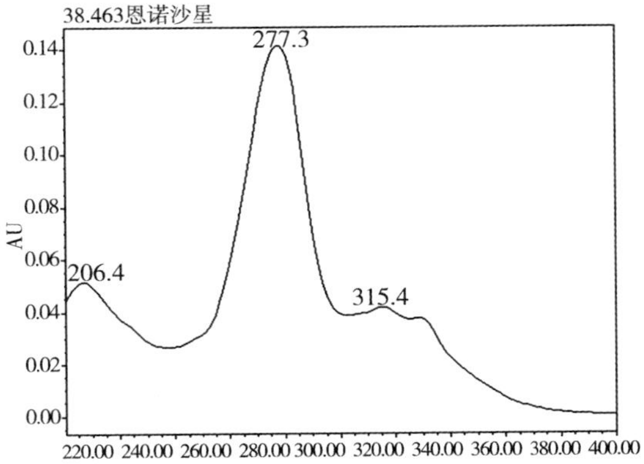 38.463恩诺沙星；AU；峰：206.4、277.3、315.4

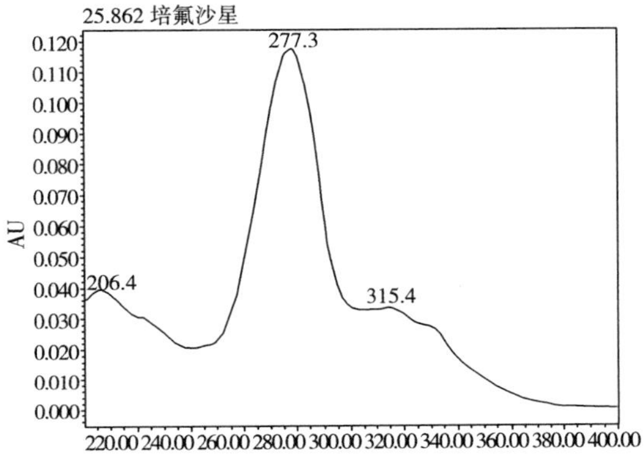

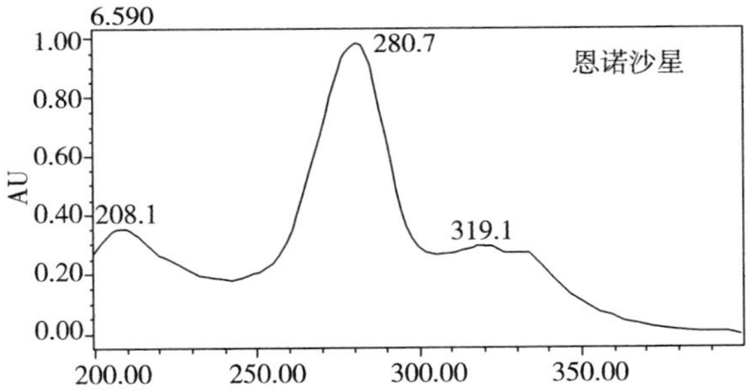

（续表）

名称	编号	最大吸收波长/nm	谱图
二氟沙星	019-1	281.9 321.5	7.250 二氟沙星 281.9 206.9 321.5 AU 0.80 0.60 0.40 0.20 0.00 200.00 250.00 300.00 350.00
	019-2		60min 不出峰
	019-4	279.7 316.6	52.956 二氟沙星 279.7 205.2 316.6 AU 0.070 0.060 0.050 0.040 0.030 0.020 0.010 0.000 220.00 240.00 260.00 280.00 300.00 320.00 340.00 360.00 380.00 400.00
磺胺嘧啶	020-1	268.8	3.196 202.2 268.8 磺胺嘧啶 AU 0.60 0.40 0.20 0.00 200.00 250.00 300.00 350.00

（续表）

名称	编号	最大吸收波长/nm	谱图
磺胺嘧啶	020-2	257.0	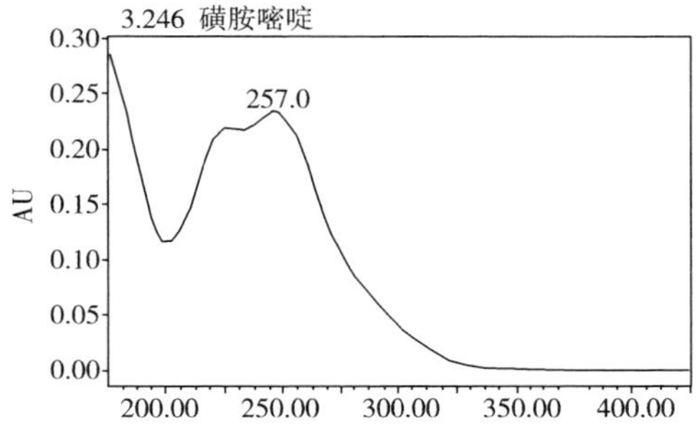
	020-3	267.8	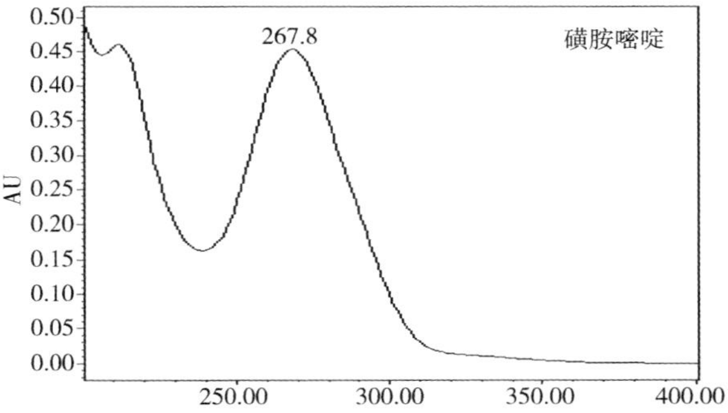
磺胺噻唑	021-1	260.4 287.9	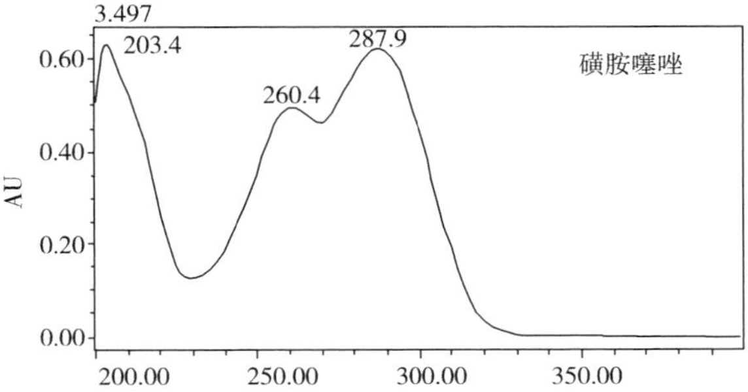

（续表）

名称	编号	最大吸收波长/nm	谱图
磺胺噻唑	021-2	257.0 279.5	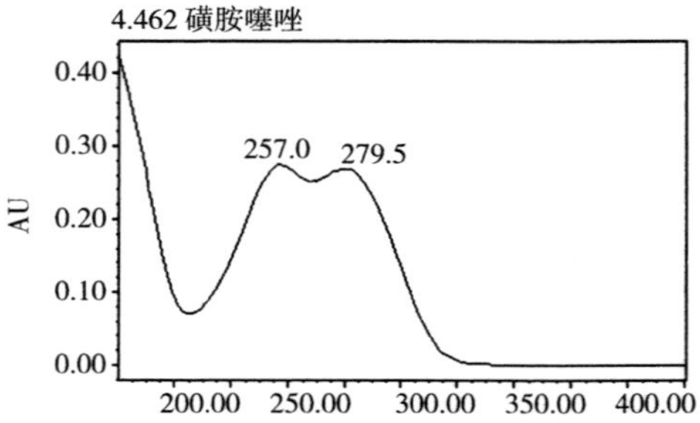 4.462 磺胺噻唑 257.0 279.5
	021-3	258.3 285.6	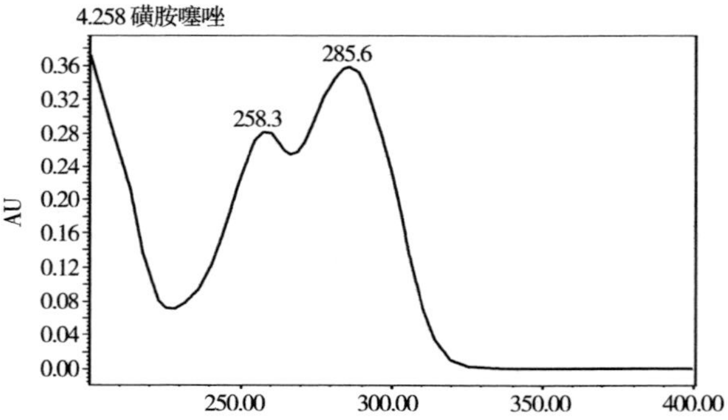 4.258 磺胺噻唑 258.3 285.6
磺胺二甲嘧啶	022-1	267.6	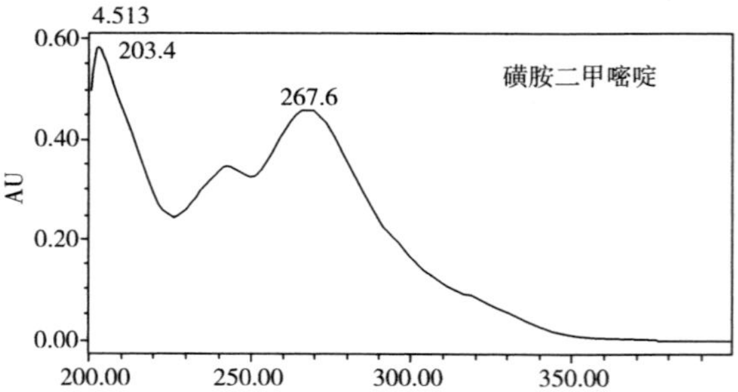 4.513 磺胺二甲嘧啶 203.4 267.6

（续表）

名称	编号	最大吸收波长/nm	谱图
磺胺二甲嘧啶	022-3	266.6	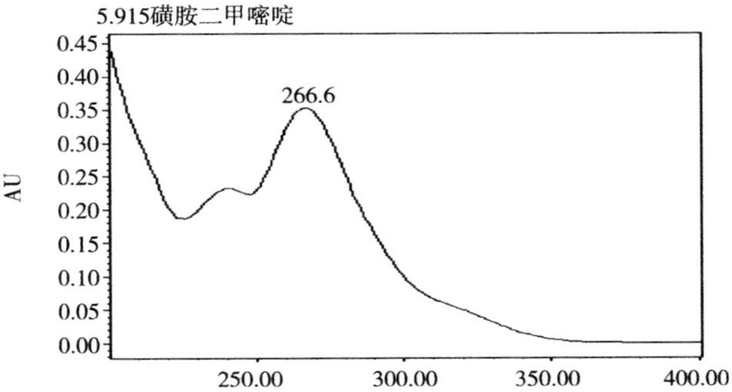 5.915磺胺二甲嘧啶；AU；0.00–0.45；266.6；250.00 300.00 350.00 400.00
磺胺对甲氧嘧啶	023-1	271.1	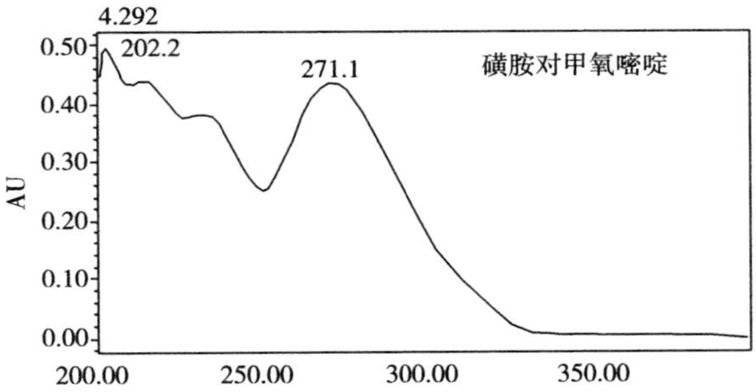 4.292；202.2；271.1；磺胺对甲氧嘧啶；AU；0.00–0.50；200.00 250.00 300.00 350.00
	023-2	242.8	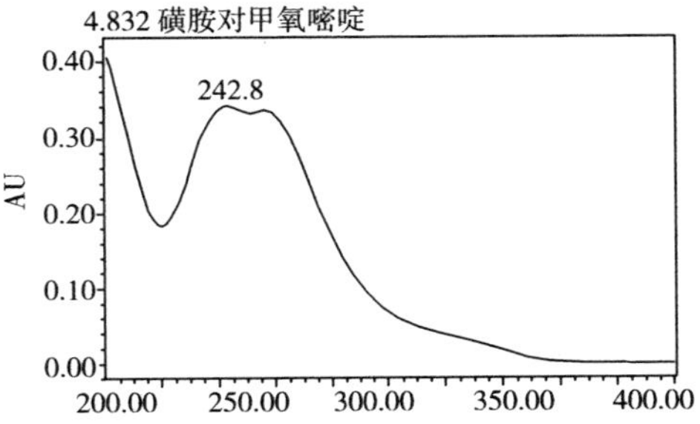 4.832 磺胺对甲氧嘧啶；AU；0.00–0.40；242.8；200.00 250.00 300.00 350.00 400.00

（续表）

名称	编号	最大吸收波长/nm	谱图
磺胺氯哒嗪	024-1	270. 0	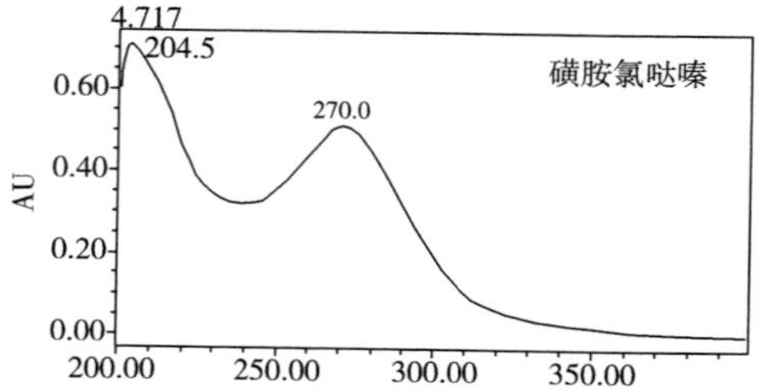
磺胺甲噁唑	025-1	270. 0	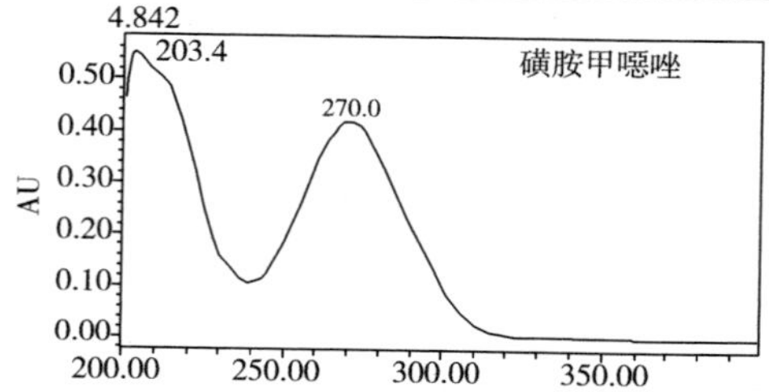
	025-2	257. 0	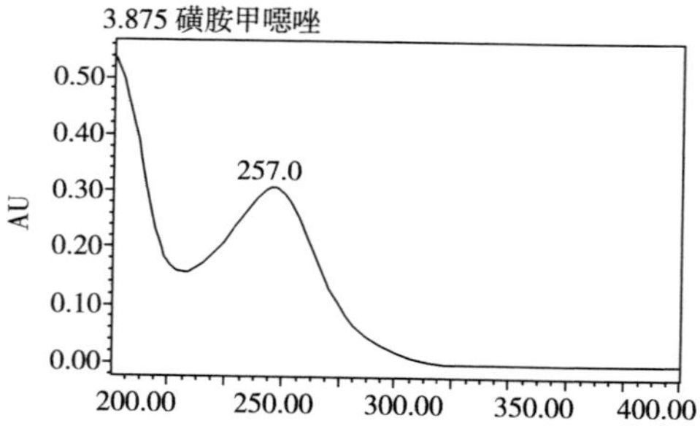
磺胺间甲氧嘧啶	026-1	273. 5	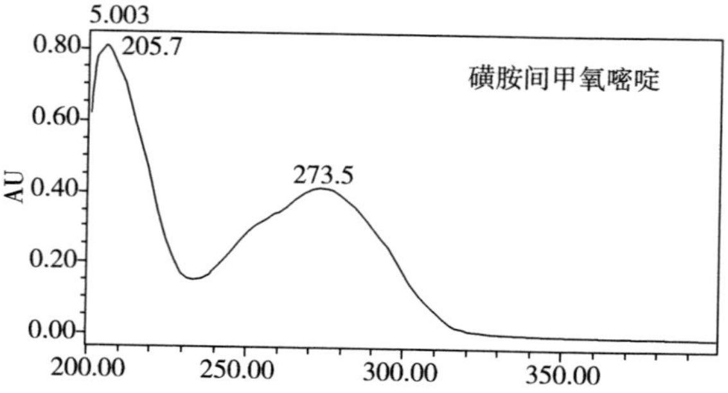

（续表）

名称	编号	最大吸收波长/nm	谱图
磺胺氯吡嗪	027－1	270. 0	
	027－2	257. 0 330. 7	
磺胺喹噁啉	028－1	250. 9 344. 1	
	028－2	251. 1 360. 0	

（续表）

名称	编号	最大吸收波长/nm	谱图
阿司匹林	029-1	202.2	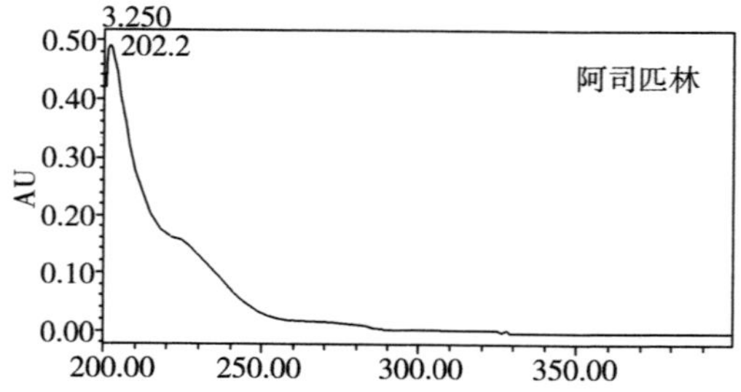
	029-2	195.7	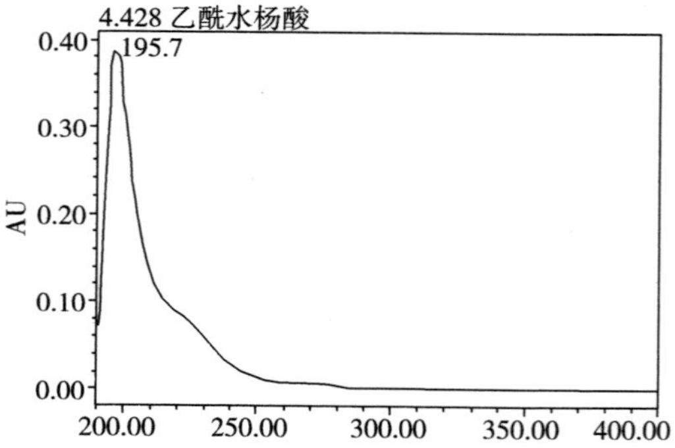
水杨酸	030-1	204.5 231.8 298.7	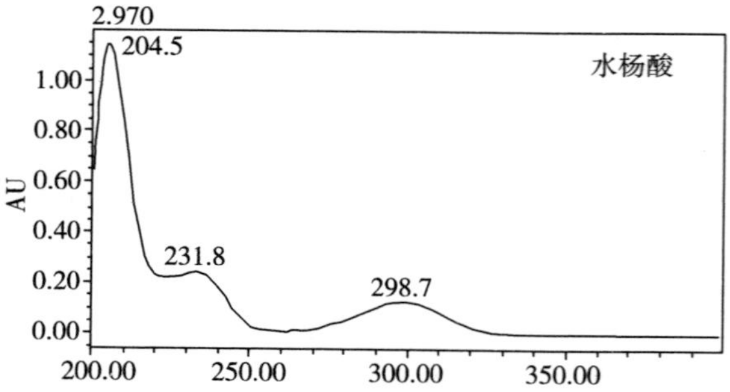

（续表）

名称	编号	最大吸收波长/nm	谱图
水杨酸	030-2	201.5 229.8 295.0	6.915 水杨酸 201.5 229.8 295.0 AU 0.00–0.70; 200.00–400.00
水杨酸镁	031-1	204.5 233.0 298.7	4.7181 水杨酸镁 204.5 233.0 298.7 AU 0.00–0.60; 200.00–350.00
吲哚美辛	032-1	208.1 322.7	9.533 吲哚美辛 208.1 322.7 AU 0.00–2.50; 200.00–350.00

（续表）

名称	编号	最大吸收波长/nm	谱图
吲哚美辛	032-2	201.5 228.6 264.1 320.0	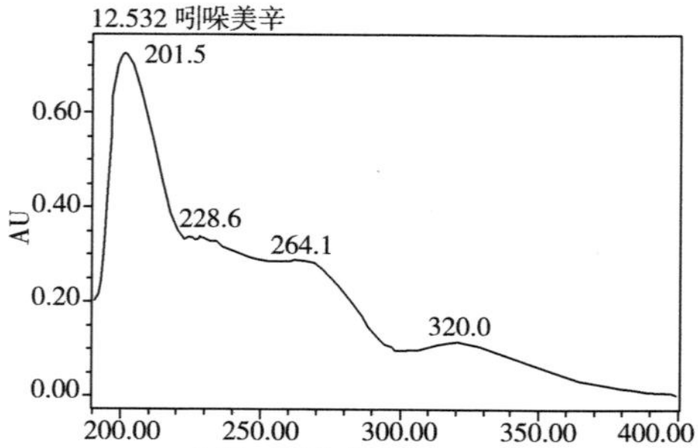 12.532 吲哚美辛 水相：有机相（40：60）
对乙酰氨基酚	033-1	203.4 246.1	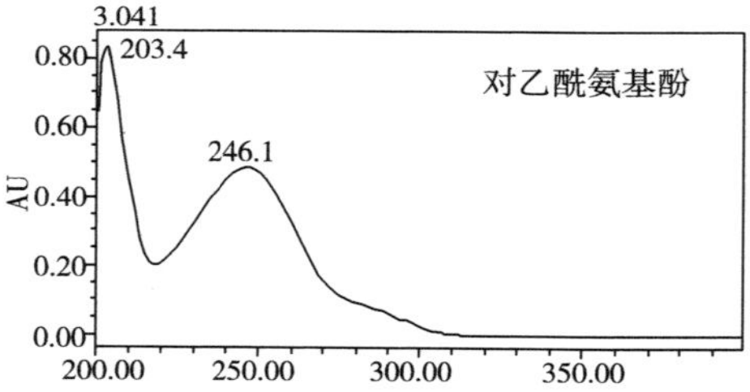 3.041 对乙酰氨基酚
	033-2	196.8 244.0	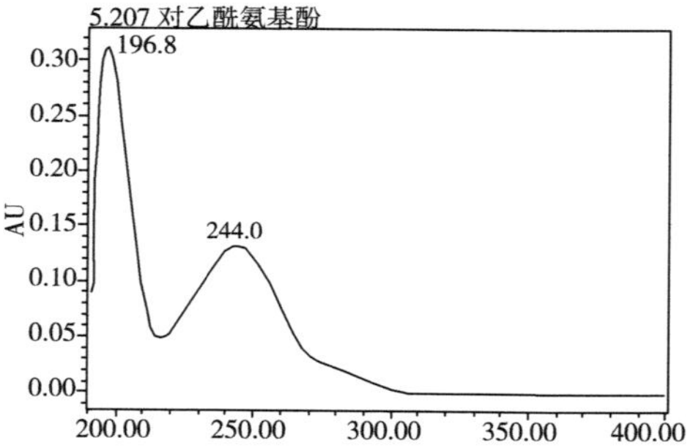 5.207 对乙酰氨基酚

（续表）

名称	编号	最大吸收波长/nm	谱图
氨基比林	034-1	203.4 233.0 268.8	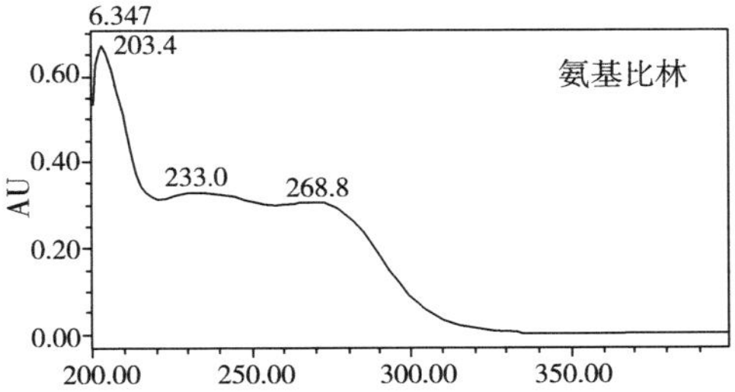 6.347；203.4；233.0；268.8；氨基比林；AU；0.00–0.60；200.00–350.00
	034-2	196.8 228.6 265.3 380.8	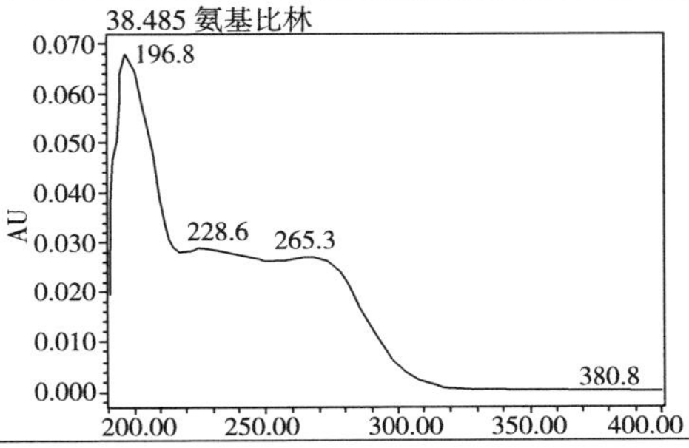 38.485 氨基比林；196.8；228.6；265.3；380.8；AU；0.000–0.070；200.00–400.00
安替比林	035-1	203.4 244.9 261.6	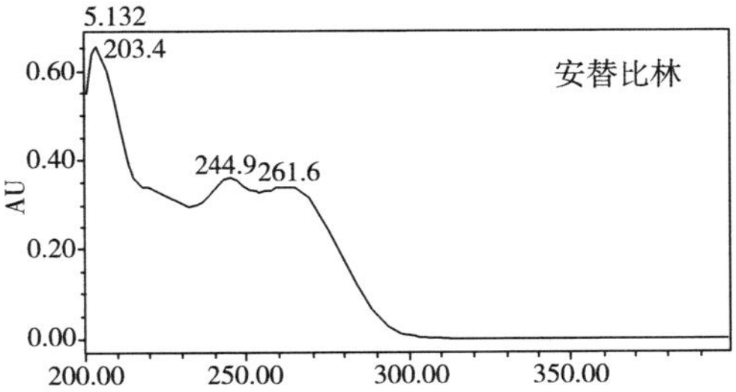 5.132；203.4；244.9；261.6；安替比林；AU；0.00–0.60；200.00–350.00
	035-2	196.8 241.6	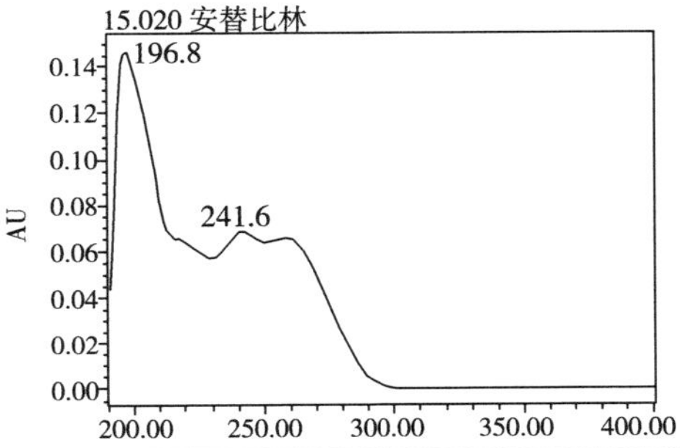 15.020 安替比林；196.8；241.6；AU；0.00–0.14；200.00–400.00

（续表）

名称	编号	最大吸收波长/nm	谱图
安乃近	036-1	203.4 231.8	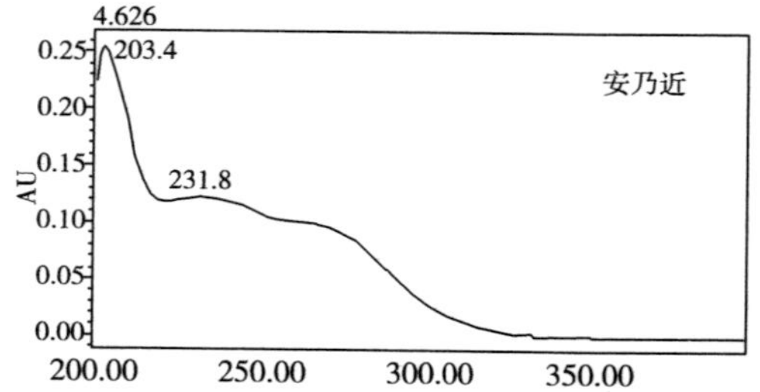 4.626 203.4 安乃近 231.8 AU 200.00 250.00 300.00 350.00
	036-2	198.0 228.6	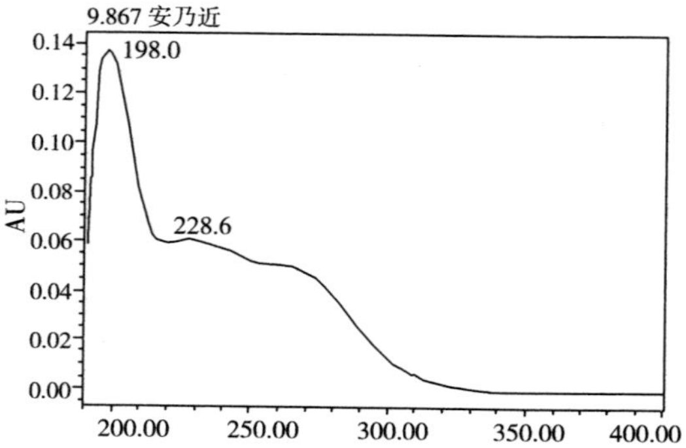 9.867 安乃近 198.0 228.6 AU 200.00 250.00 300.00 350.00 400.00
MAA（安乃近降解产物）	037-1	201.0 249.7	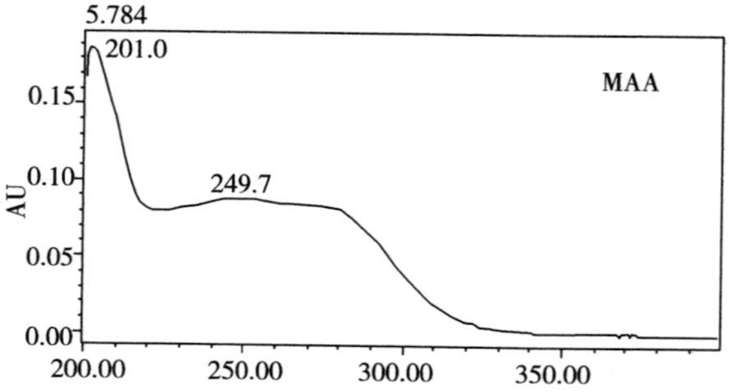 5.784 201.0 MAA 249.7 AU 200.00 250.00 300.00 350.00

（续表）

名称	编号	最大吸收波长/nm	谱图
酮洛芬	038-1	204. 5 260. 4	酮洛芬 8.071 204.5 260.4
	038-2	199. 2 258. 2	4.718 酮洛芬 199.2 258.2 水相：有机相（40：60）
富马酸酮替芬	039-1	204. 5 301. 1	富马酸酮替芬 8.3851 204.5 301.1

（续表）

名称	编号	最大吸收波长/nm	谱图
芬布芬	040-1	204.5 286.7	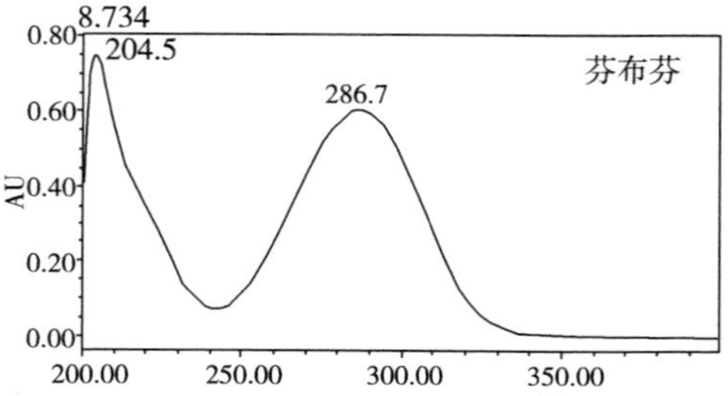
	040-2	199.2 283.1	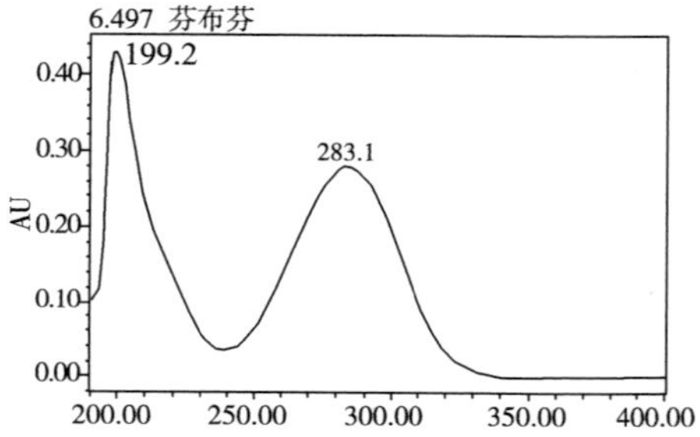
布洛芬	041-1	202.2 223.5 266.4	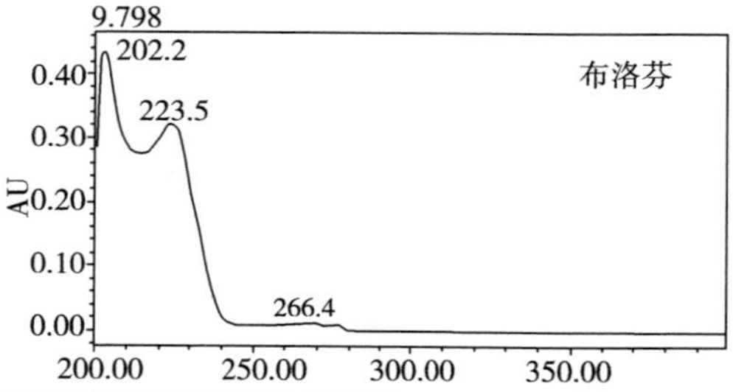
	041-2	196.8 221.5 264.1	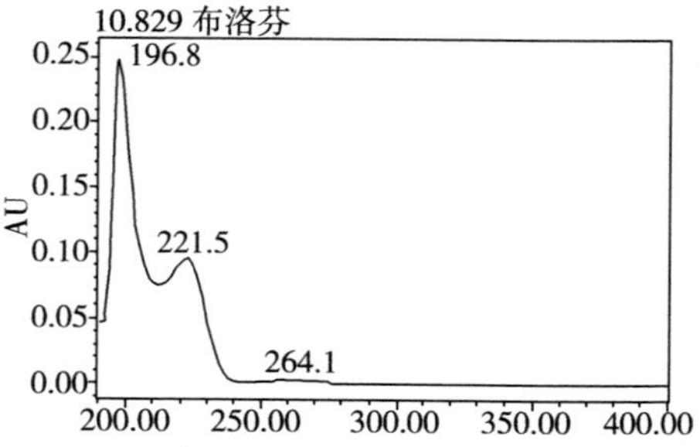

（续表）

名称	编号	最大吸收波长/nm	谱图
氟比洛芬	042-1	209.3 249.7	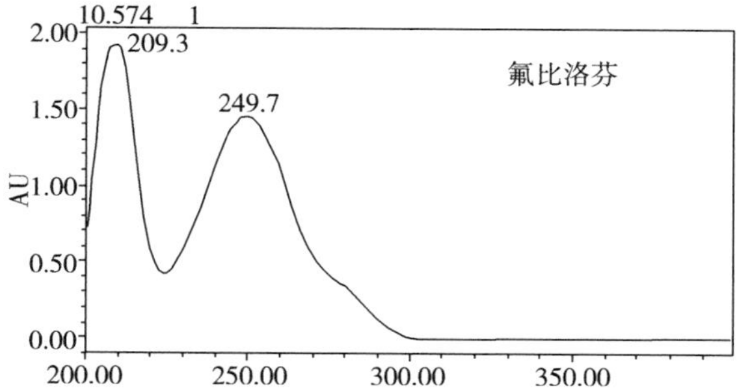
双氯芬酸钠	043-1	204.5 283.1	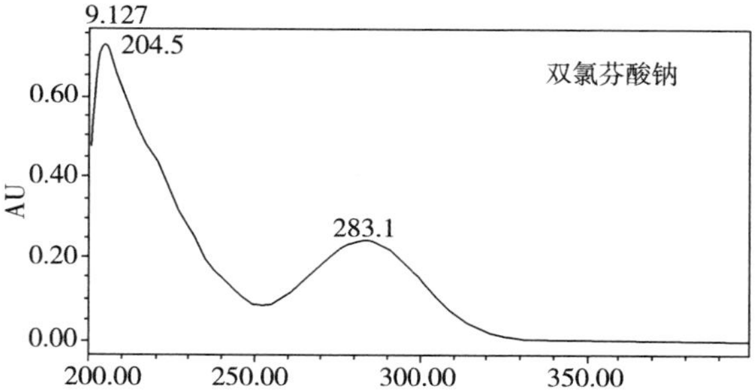
	043-2		60min 不出峰
甲芬那酸	044-1	215.2 289.1 344.1	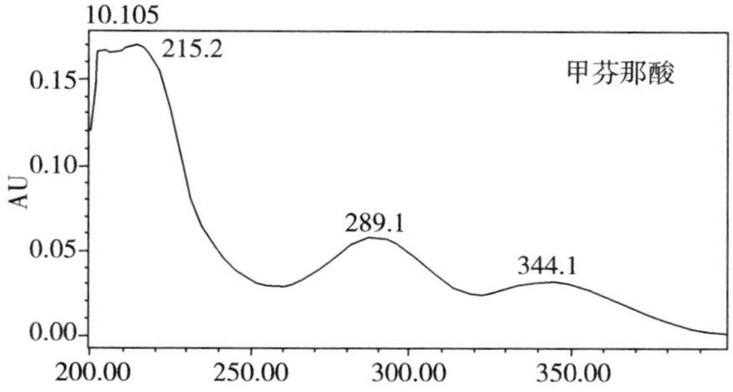

（续表）

名称	编号	最大吸收波长/nm	谱图
甲芬那酸	044-2	199.2 286.6 334.3	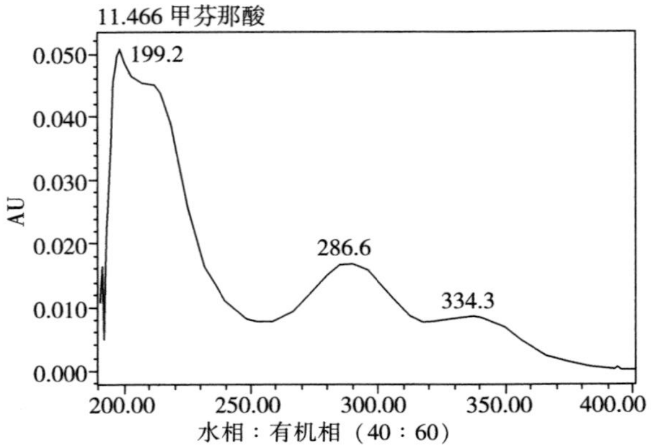 11.466 甲芬那酸 水相：有机相（40：60）
萘普生	045-1	233.0 273.5 333.5	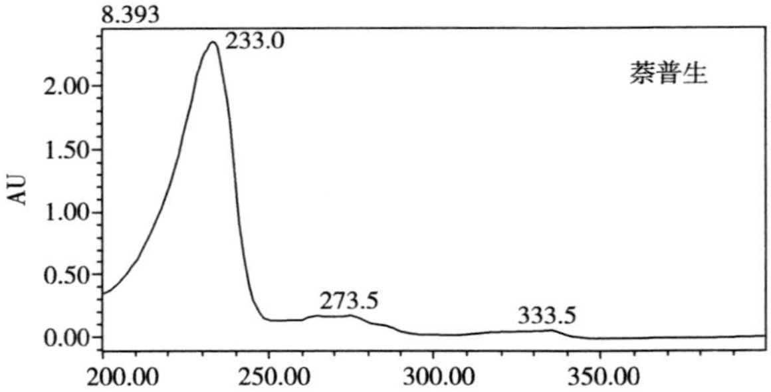 8.393 萘普生
	045-2	231.0 261.7 330.7	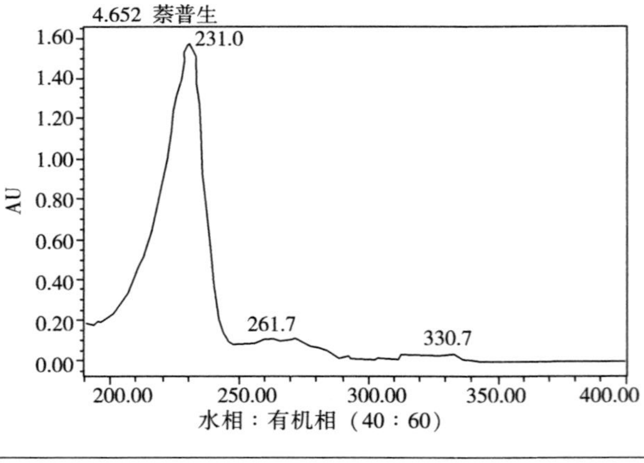 4.652 萘普生 水相：有机相（40：60）

（续表）

名称	编号	最大吸收波长/nm	谱图
美洛昔康	046-1	206.9 273.5 365.5	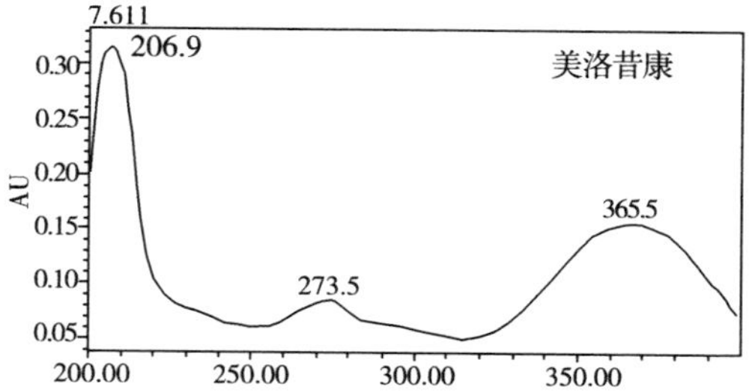 7.611 美洛昔康 206.9 273.5 365.5 AU 0.05 0.10 0.15 0.20 0.25 0.30 200.00 250.00 300.00 350.00
	046-2	203.9 271.2 361.0	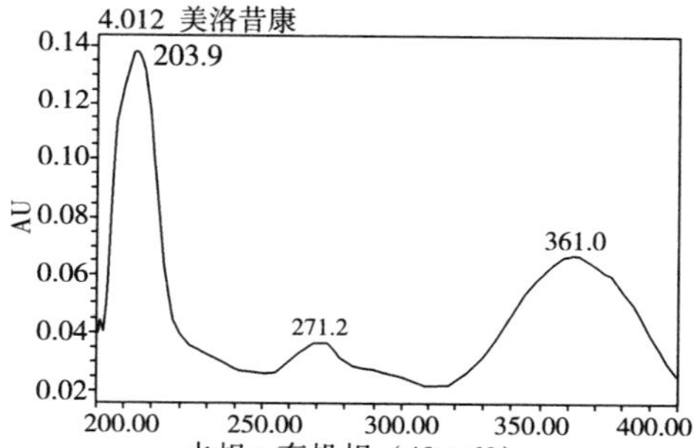 4.012 美洛昔康 203.9 271.2 361.0 AU 0.02 0.04 0.06 0.08 0.10 0.12 0.14 200.00 250.00 300.00 350.00 400.00 水相：有机相（40：60）
甲硝唑	047-1	203.4 231.8 321.5	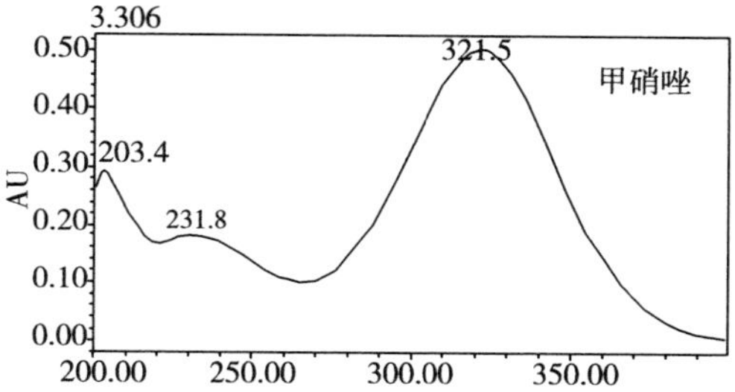 3.306 甲硝唑 203.4 231.8 321.5 AU 0.00 0.10 0.20 0.30 0.40 0.50 200.00 250.00 300.00 350.00
	047-2	199.2 228.6 317.6	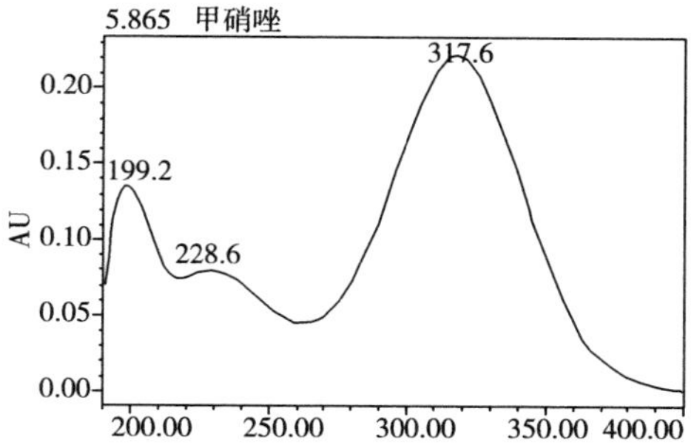 5.865 甲硝唑 199.2 228.6 317.6 AU 0.00 0.05 0.10 0.15 0.20 200.00 250.00 300.00 350.00 400.00

（续表）

名称	编号	最大吸收波长/nm	谱图
地美硝唑	048-1	203. 4 230. 6 321. 5	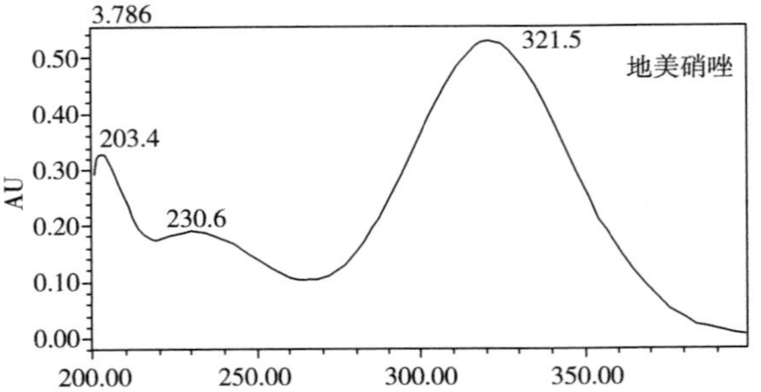
	048-2	228. 6 317. 6	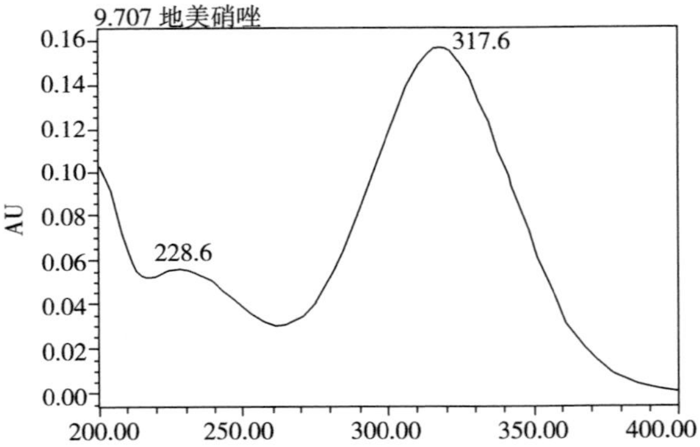
替硝唑	049-1	203. 4 233. 0 319. 1	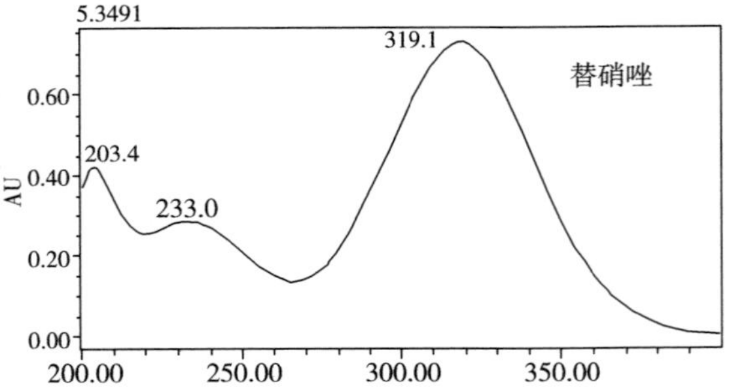

（续表）

名称	编号	最大吸收波长/nm	谱图
氟苯尼考	050-1	203.4 225.9 268.8	5.5761 203.4 225.9 氟苯尼考 AU 268.8 200.00 250.00 300.00 350.00
	050-2	223.9 265.3	12.653 氟苯尼考 AU 223.9 265.3 200.00 250.00 300.00 350.00 400.00
甲砜霉素	051-1	203.4 227.1 268.8	4.3181 203.4 227.1 甲砜霉素 AU 268.8 200.00 250.00 300.00 350.00
	051-2	223.9 265.3	7.323 甲砜霉素 AU 223.9 265.3 200.00 250.00 300.00 350.00 400.00

（续表）

名称	编号	最大吸收波长/nm	谱图
氯霉素	052-1	205.7 279.5	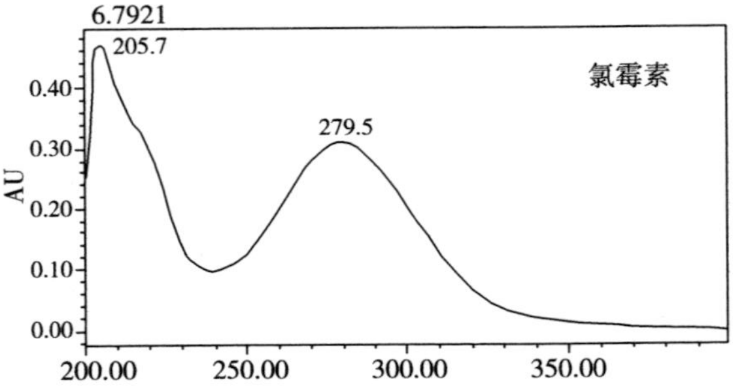
	052-2		不出峰
头孢吡肟	053-1	204.5 237.8 259.2	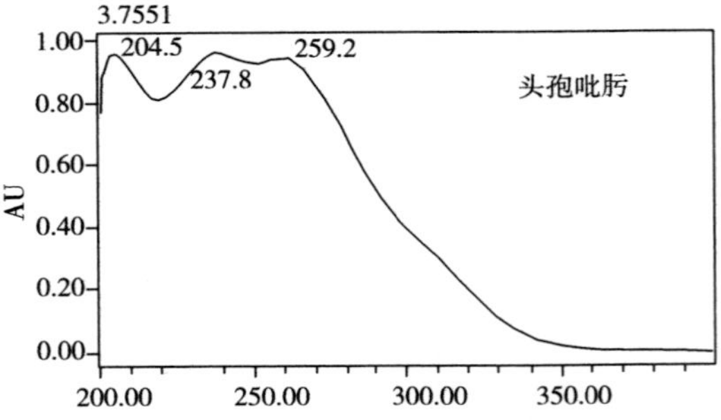
头孢丙烯	054-1	203.4 231.8 281.9	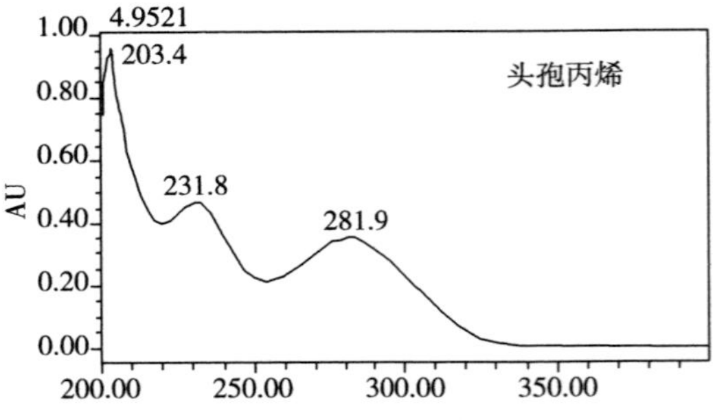

（续表）

名称	编号	最大吸收波长/nm	谱图
头孢地尼	055-1	225.9 289.1	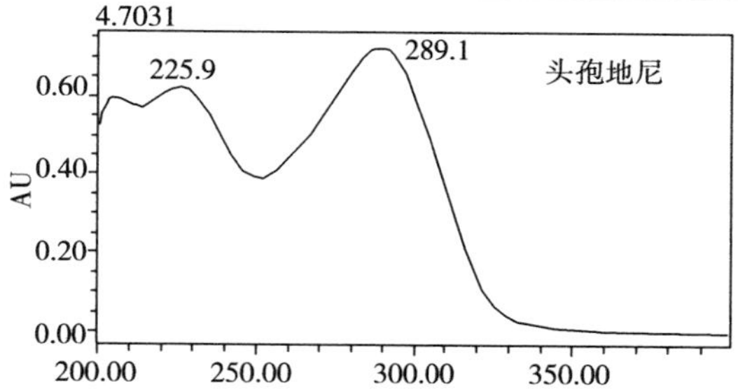
头孢地嗪	056-1	204.5 235.4 262.8	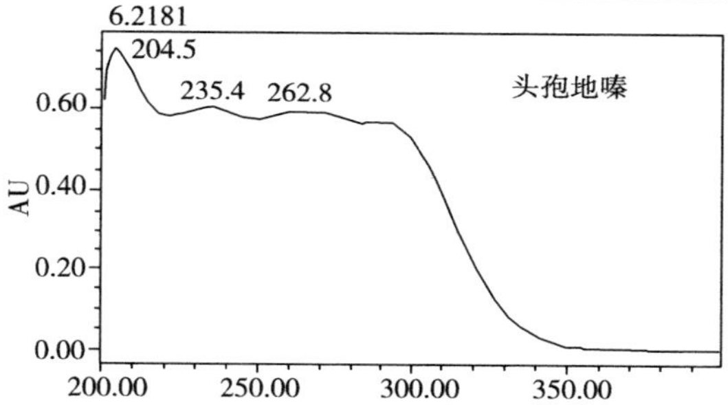
头孢唑啉	057-1	203.4 274.7	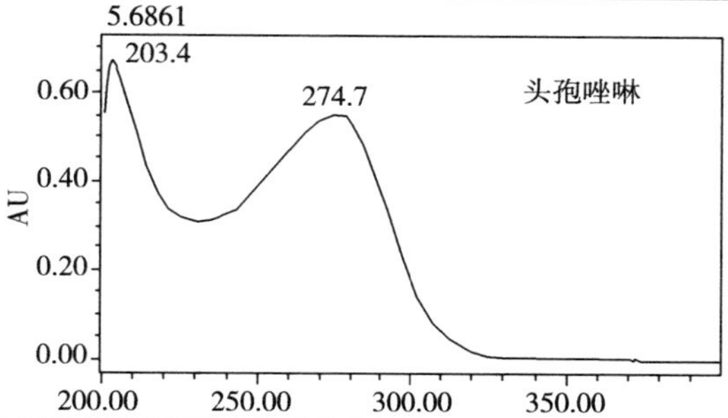
头孢西丁	058-1	203.4 237.8	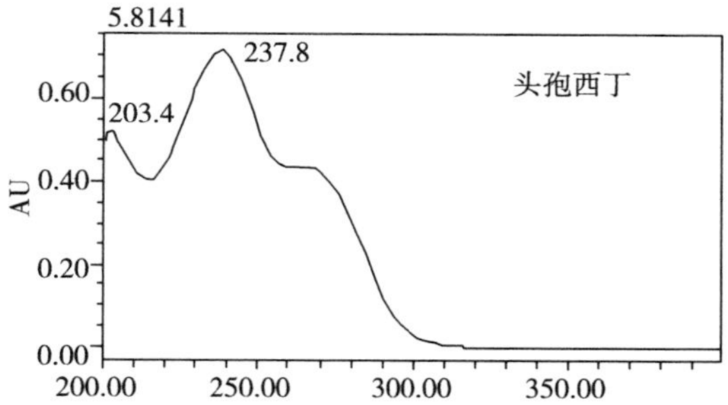

（续表）

名称	编号	最大吸收波长/nm	谱图
头孢替唑	059-1	204.5 274.7	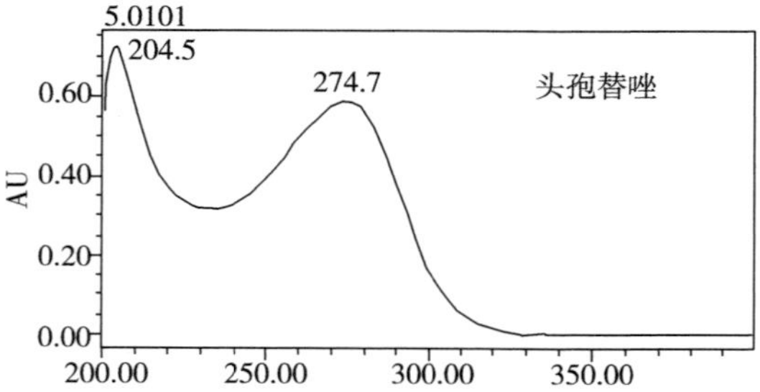
头孢呋辛	060-1	203.4 275.9	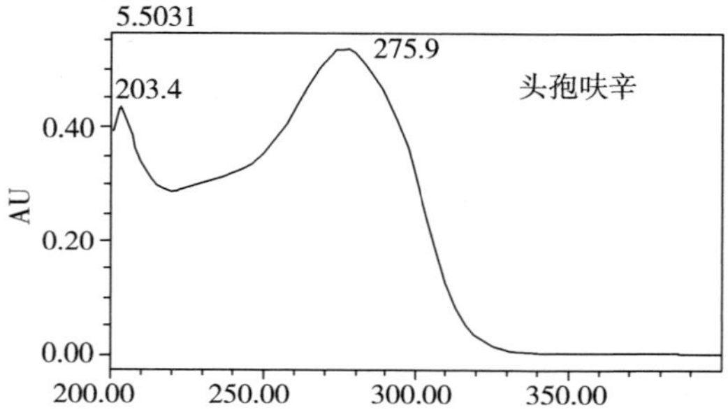
头孢呋辛酯	061-1	203.4 288.7	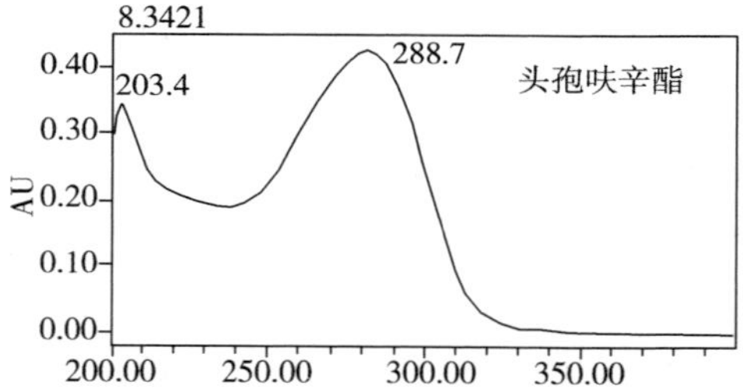
头孢甲肟	062-1	203.4 234.2	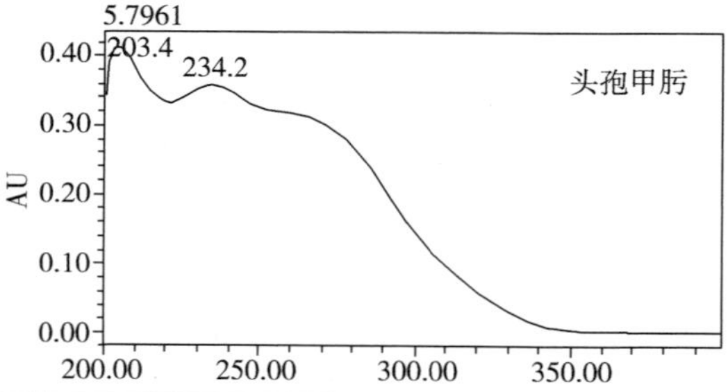

（续表）

名称	编号	最大吸收波长/nm	谱图
头孢克洛	063-1	203. 4 266. 4 332. 3	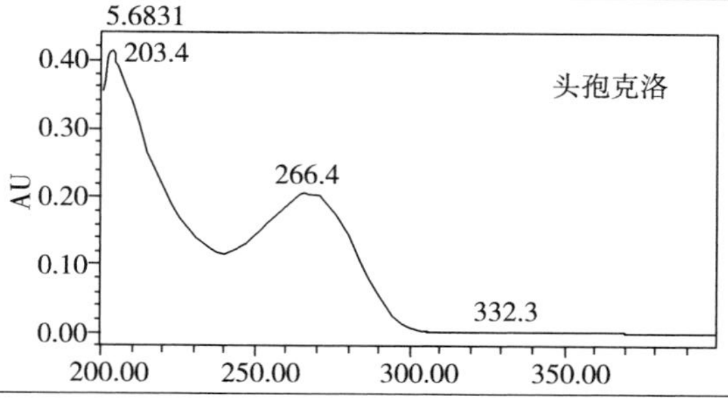 5.6831 头孢克洛 203.4　266.4　332.3 AU 0.00 0.10 0.20 0.30 0.40 200.00 250.00 300.00 350.00
头孢克肟	064-1	206. 9 234. 2 290. 3	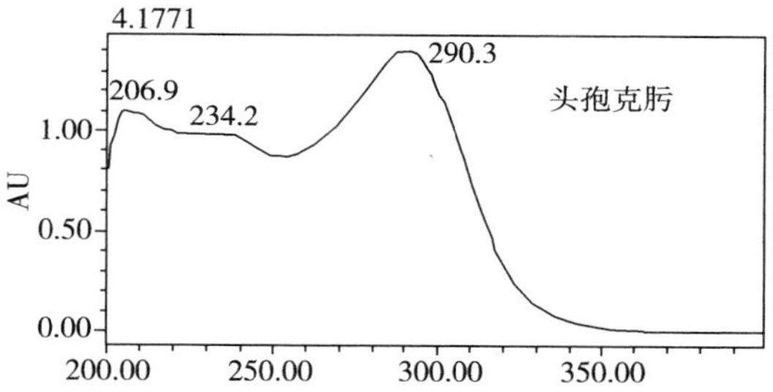 4.1771 头孢克肟 206.9　234.2　290.3 AU 0.00 0.50 1.00 200.00 250.00 300.00 350.00
头孢喹肟	065-1	204. 5 236. 6 268. 8	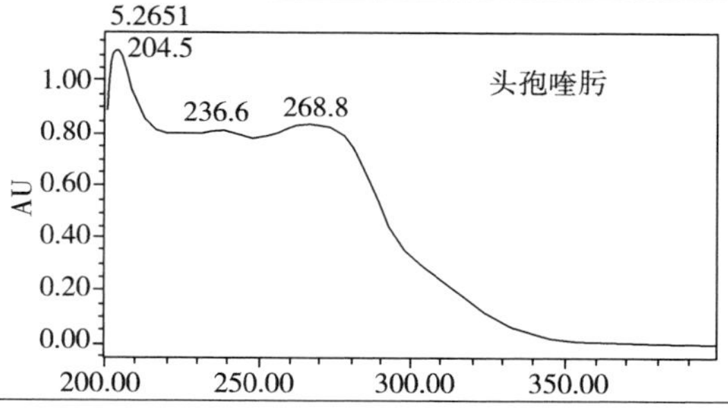 5.2651 头孢喹肟 204.5　236.6　268.8 AU 0.00 0.20 0.40 0.60 0.80 1.00 200.00 250.00 300.00 350.00
头孢拉定	066-1	203. 4 264. 0 344. 1	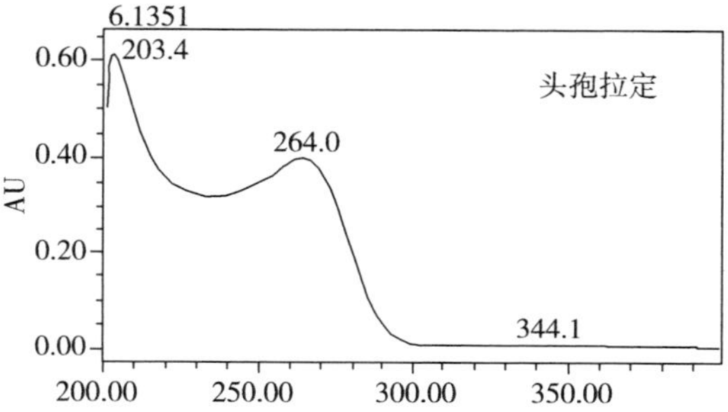 6.1351 头孢拉定 203.4　264.0　344.1 AU 0.00 0.20 0.40 0.60 200.00 250.00 300.00 350.00

（续表）

名称	编号	最大吸收波长/nm	谱图
头孢硫脒	067-1	211.7 334.7	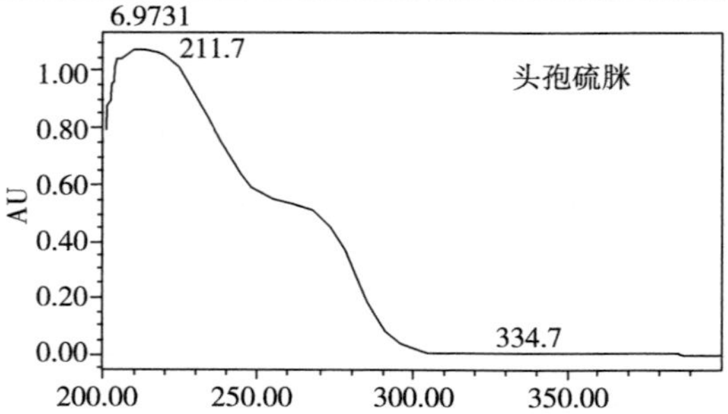 6.9731 211.7 头孢硫脒 334.7 AU 1.00 0.80 0.60 0.40 0.20 0.00 200.00 250.00 300.00 350.00
头孢美他酯	068-1	203.4 236.6	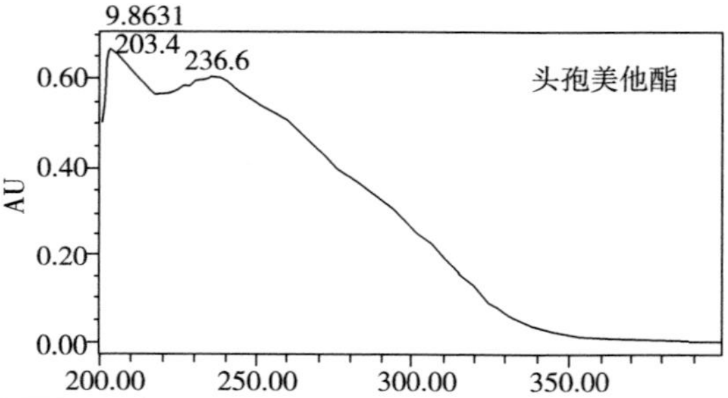 9.8631 203.4 236.6 头孢美他酯 AU 0.60 0.40 0.20 0.00 200.00 250.00 300.00 350.00
头孢美唑	069-1	203.4 241.3 274.7	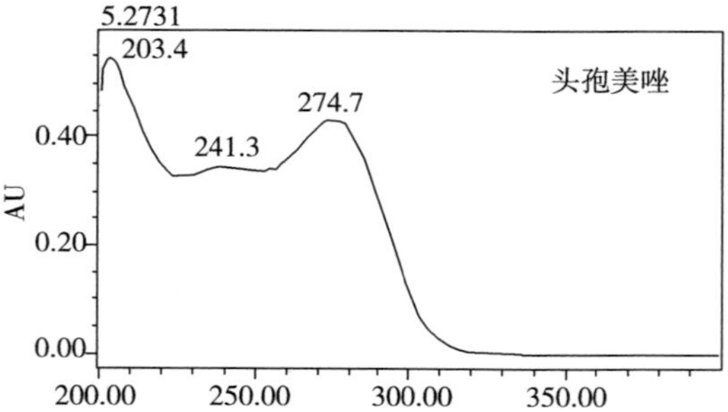 5.2731 203.4 头孢美唑 274.7 241.3 AU 0.40 0.20 0.00 200.00 250.00 300.00 350.00
头孢孟多酯	070-1	204.5 271.1 348.7	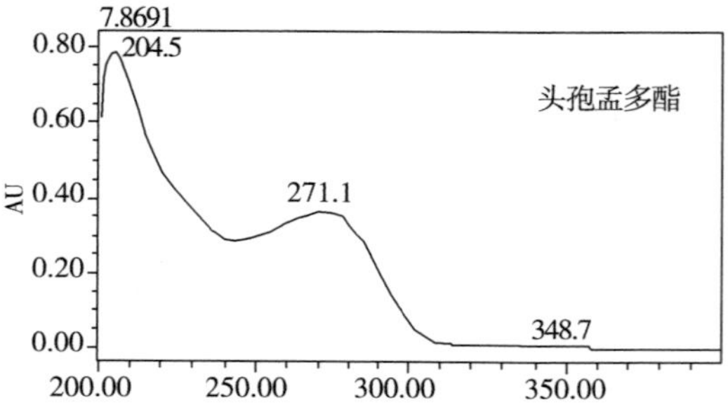 7.8691 204.5 头孢孟多酯 271.1 348.7 AU 0.80 0.60 0.40 0.20 0.00 200.00 250.00 300.00 350.00

（续表）

名称	编号	最大吸收波长/nm	谱图
头孢尼西	071-1	203.4 270.0	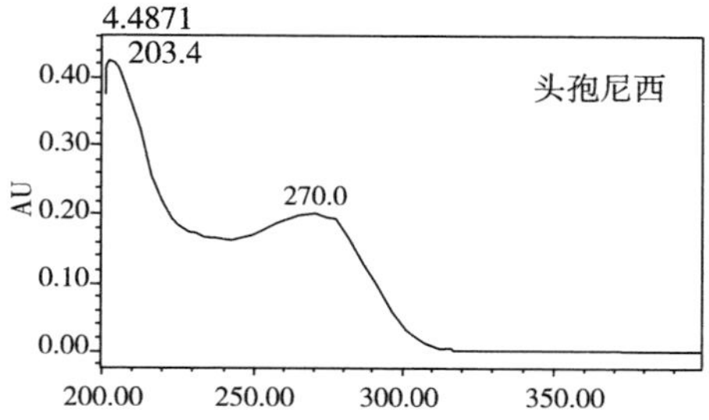
头孢哌酮	072-1	202.2 230.6 270.0	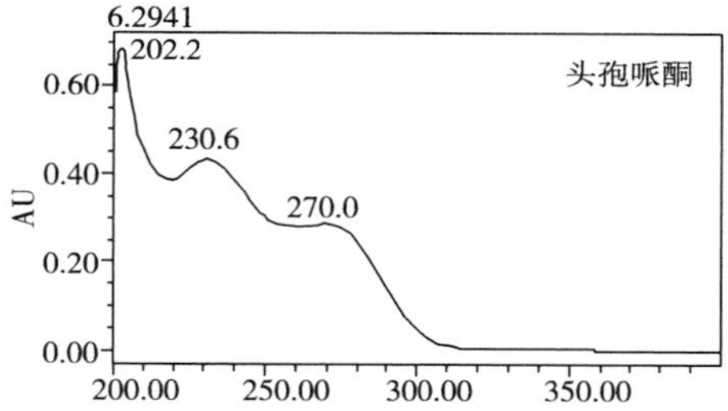
头孢匹胺	073-1	212.8 275.9	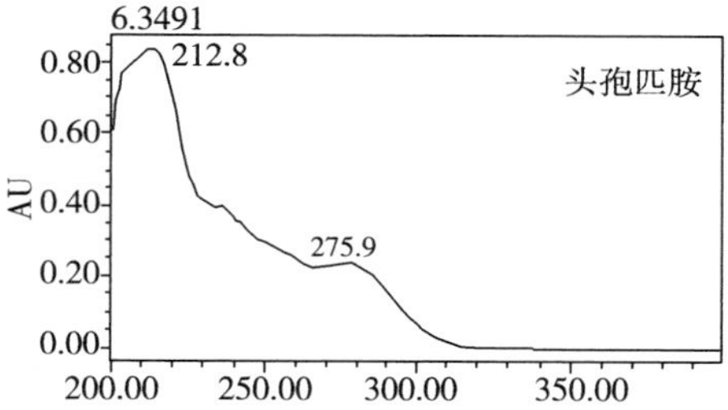
头孢羟氨苄	074-1	203.4 231.8 265.2 341.8	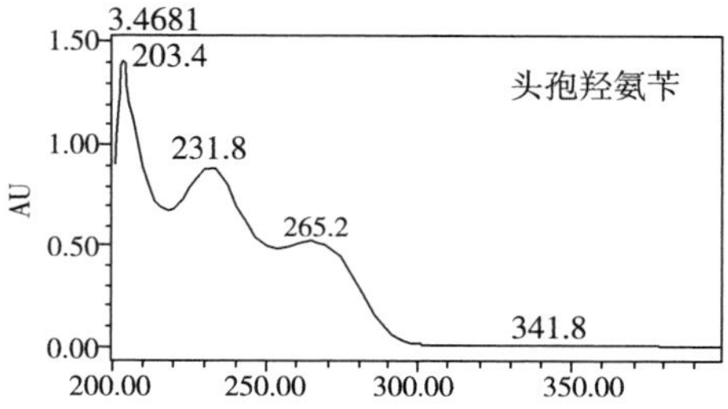

（续表）

名称	编号	最大吸收波长/nm	谱图
头孢噻吩	075-1	203.4 239.0 329.9	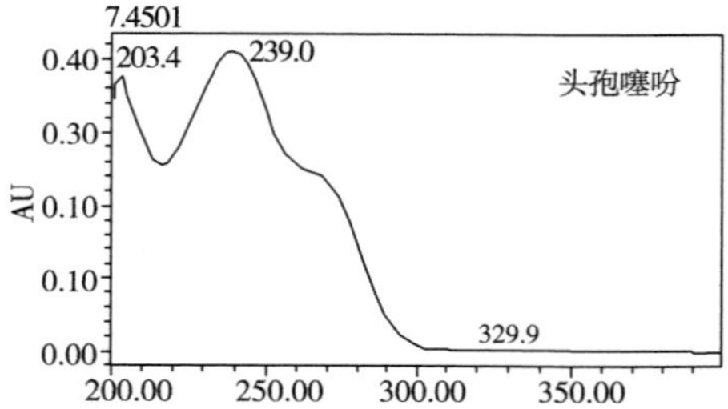
头孢噻呋	076-1	204.5 236.6 268.8	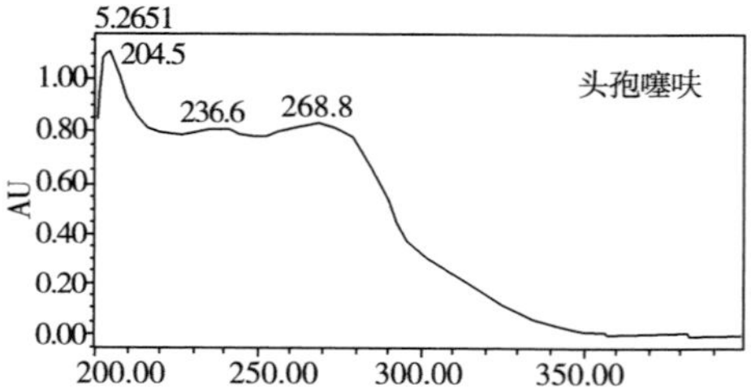
头孢噻肟	077-1	204.5 237.8	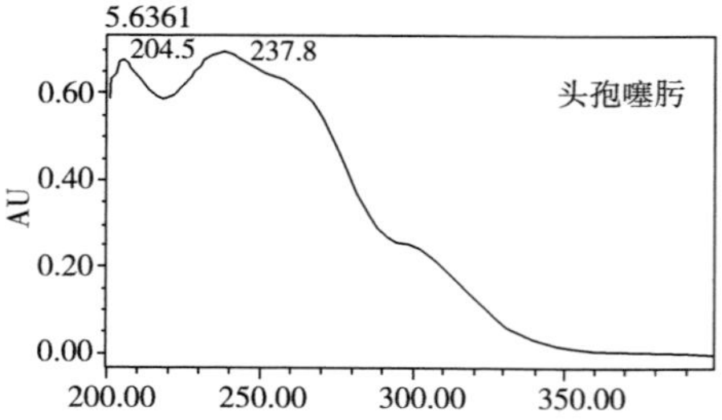
头孢他啶	078-1	203.4 258.0	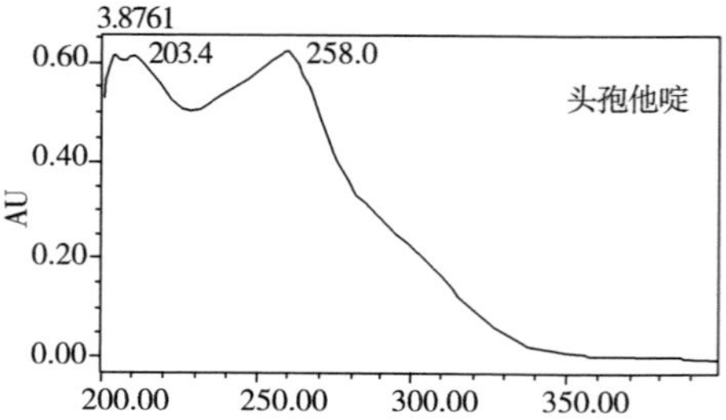

（续表）

名称	编号	最大吸收波长/nm	谱图
头孢替安	079-1	203.4 261.6	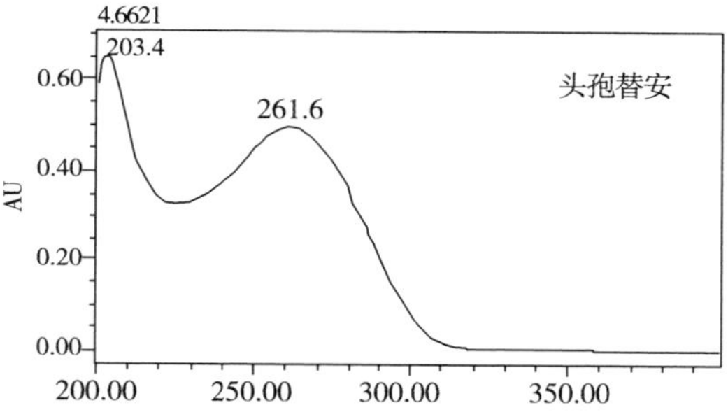
二甲氧苄啶	080-1	204.5 279.5	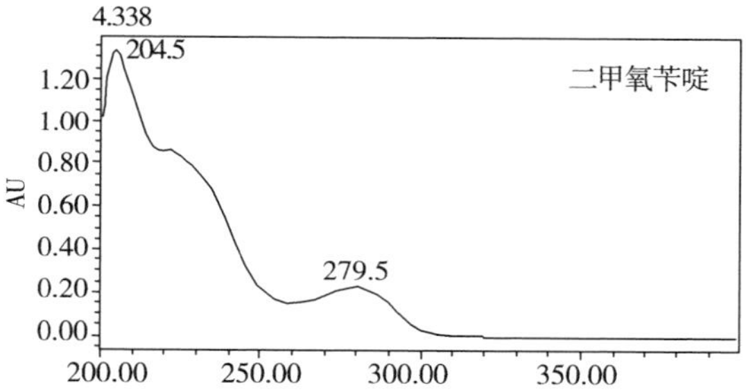
	080-2	199.2 284.3	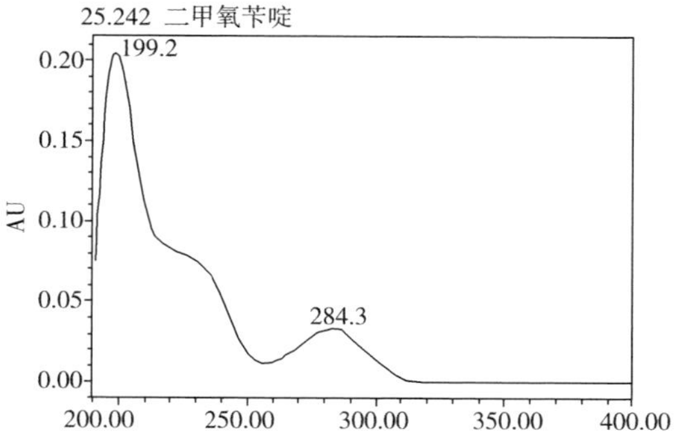

（续表）

名称	编号	最大吸收波长/nm	谱图
甲氧苄啶	081-1	205.7 273.5	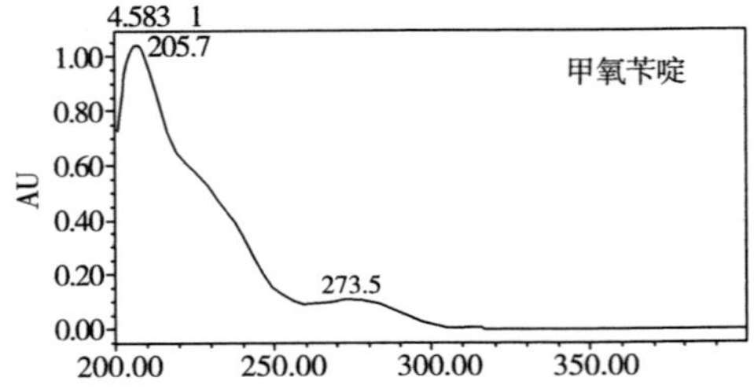 4.583 1 甲氧苄啶 205.7 273.5
	081-2	201.5 285.4	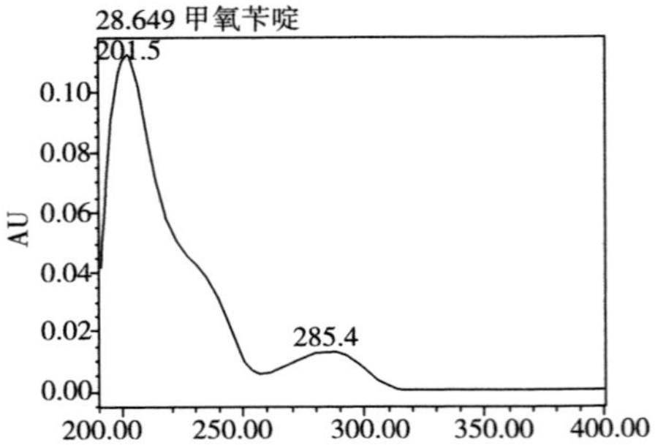 28.649 甲氧苄啶 201.5 285.4
呋喃妥因	082-1	202.2 267.6 369.1	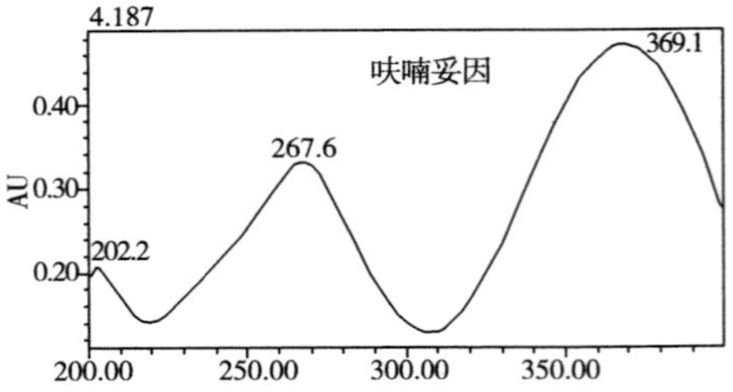 4.187 呋喃妥因 202.2 267.6 369.1
	082-2	198.0 274.8 378.4	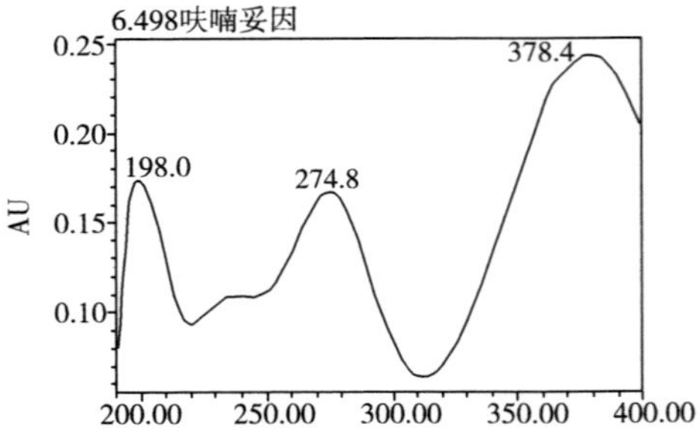 6.498呋喃妥因 198.0 274.8 378.4

（续表）

名称	编号	最大吸收 波长/nm	谱图
呋喃唑酮	083-1	202.2 261.6 367.9	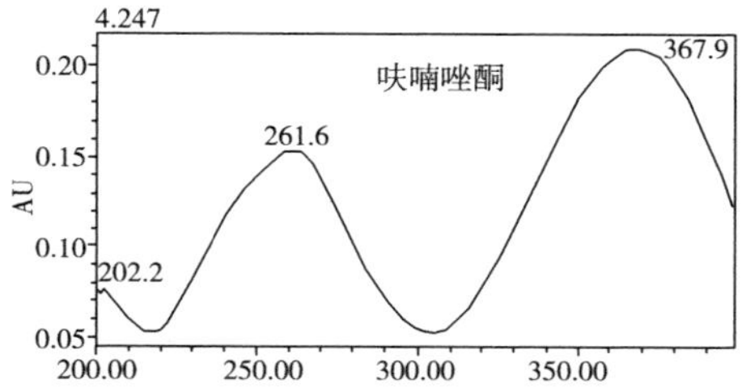 4.247 呋喃唑酮 202.2 261.6 367.9
	083-2	259.3 363.0	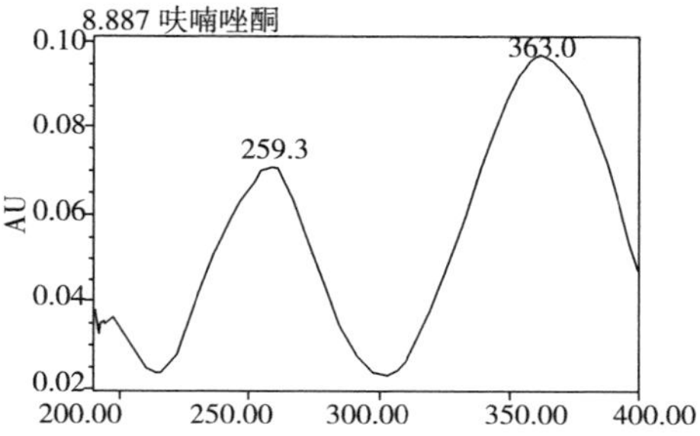 8.887 呋喃唑酮 259.3 363.0
呋喃西林	084-1	201.0 262.8 377.6	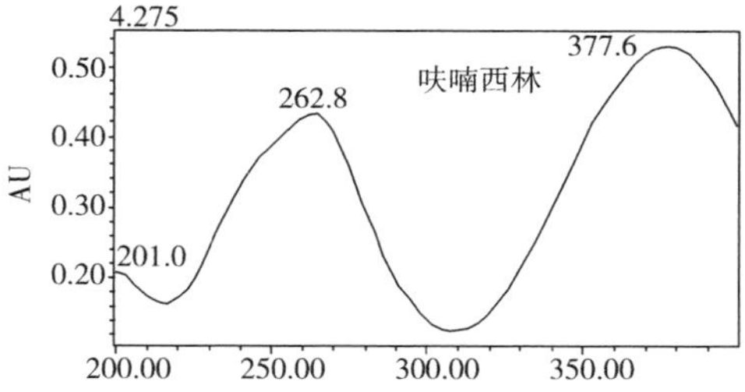 4.275 呋喃西林 201.0 262.8 377.6
	084-2	194.5 260.5 376.0	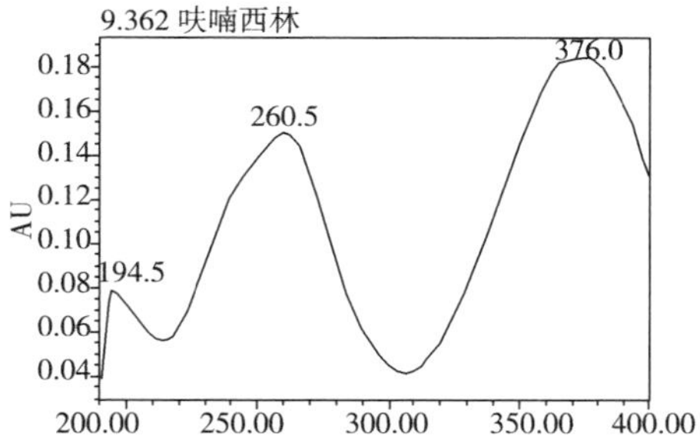 9.362 呋喃西林 194.5 260.5 376.0

（续表）

名称	编号	最大吸收波长/nm	谱图
克伦特罗	085-1	211.7 246.1 299.9	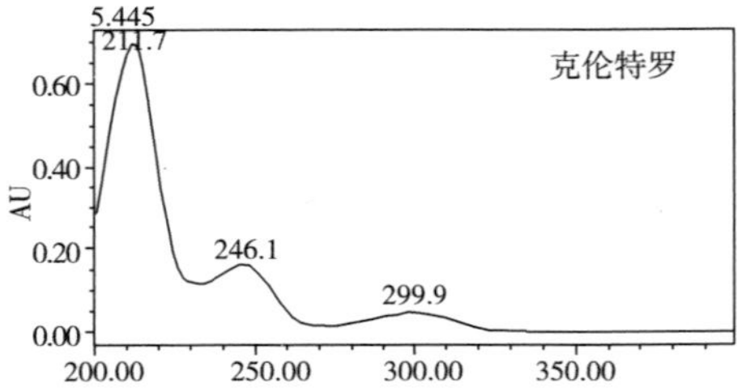 5.445 克伦特罗 211.7 246.1 299.9
	085-2	209.8 242.8 296.1	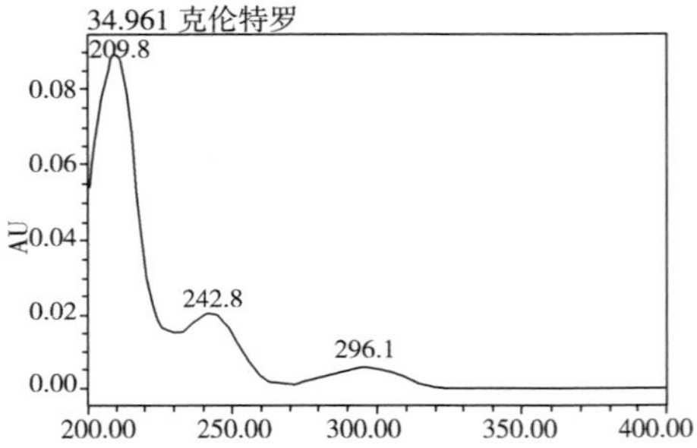 34.961 克伦特罗 209.8 242.8 296.1
莱克多巴胺	086-1	224.7 277.1	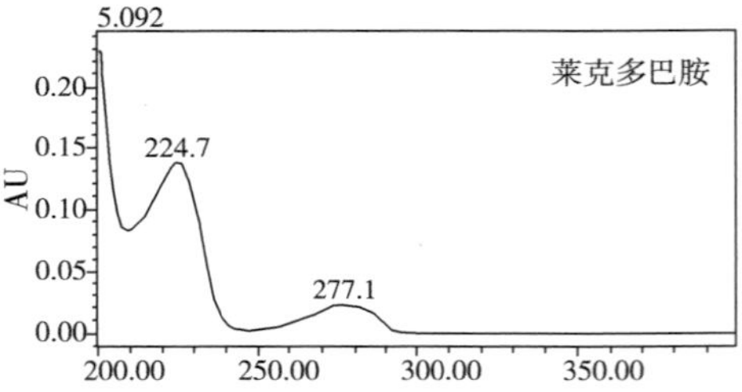 5.092 莱克多巴胺 224.7 277.1
	086-2	195.7 221.5 274.8 （双头峰）	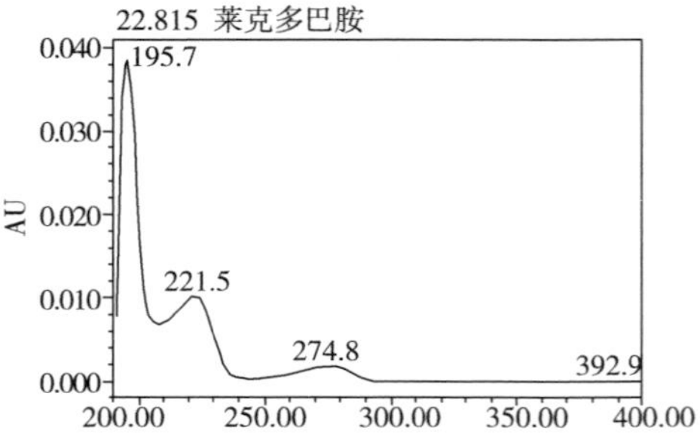 22.815 莱克多巴胺 195.7 221.5 274.8 392.9

（续表）

名称	编号	最大吸收波长/nm	谱图
特步他林	087-1	203. 4 279. 5	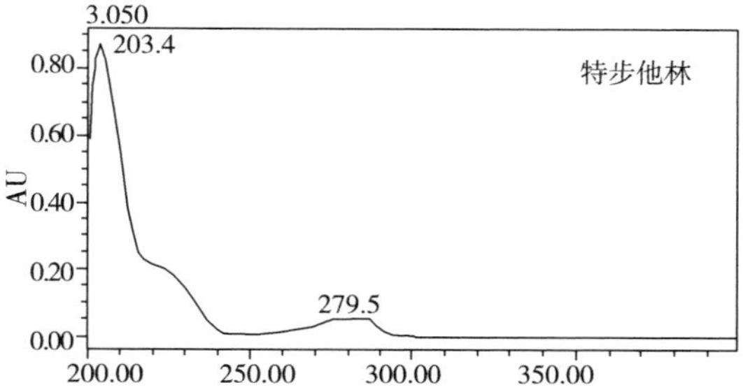 3.050 203.4 特步他林 279.5 AU 0.00 0.20 0.40 0.60 0.80 200.00 250.00 300.00 350.00
	087-2	199. 2 279. 5	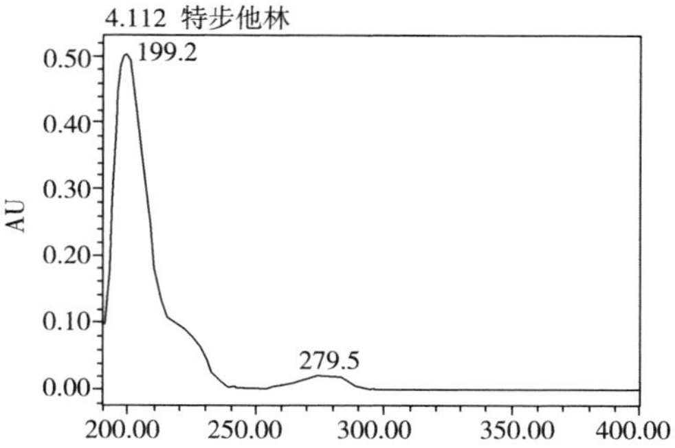 4.112 特步他林 199.2 279.5 AU 0.00 0.10 0.20 0.30 0.40 0.50 200.00 250.00 300.00 350.00 400.00
硫酸沙丁胺醇	088-1	202. 2 227. 1 279. 5	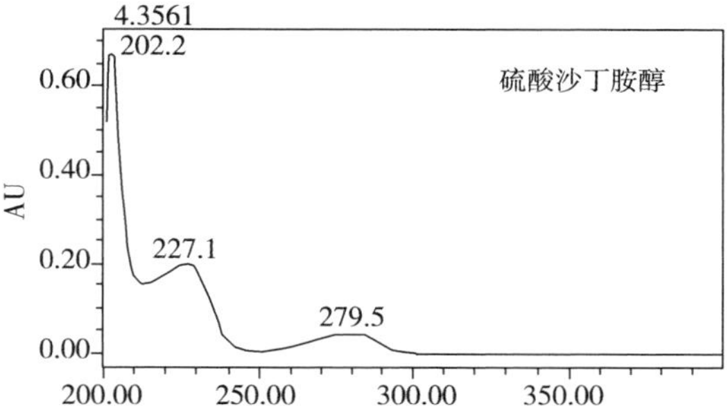 4.3561 202.2 硫酸沙丁胺醇 227.1 279.5 AU 0.00 0.20 0.40 0.60 200.00 250.00 300.00 350.00

（续表）

<table>
<tr><th>名称</th><th>编号</th><th>最大吸收
波长/nm</th><th>谱图</th></tr>
<tr><td rowspan="2">盐酸氯
丙那林</td><td>089-1</td><td>201.0
264.0</td><td>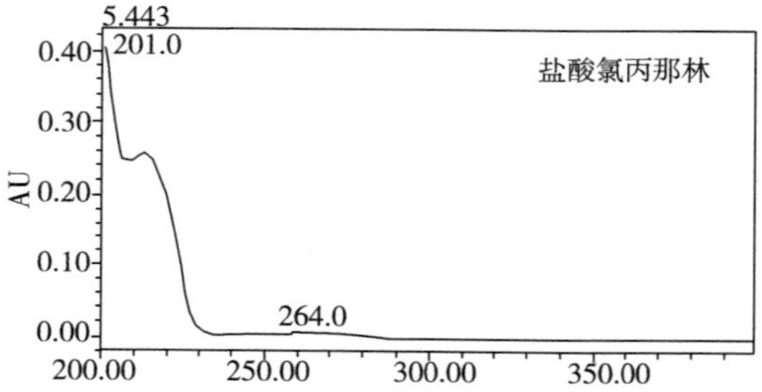
</td></tr>
<tr><td>089-2</td><td>210.9
260.5
328.3</td><td>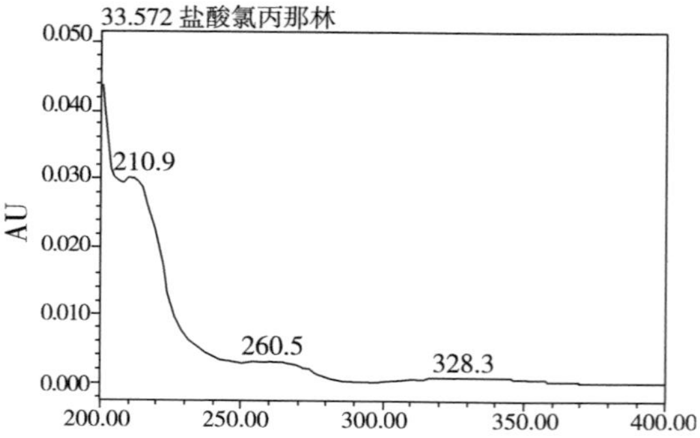
</td></tr>
<tr><td>盐酸班
布特罗</td><td>090-1</td><td>202.2
266.4</td><td>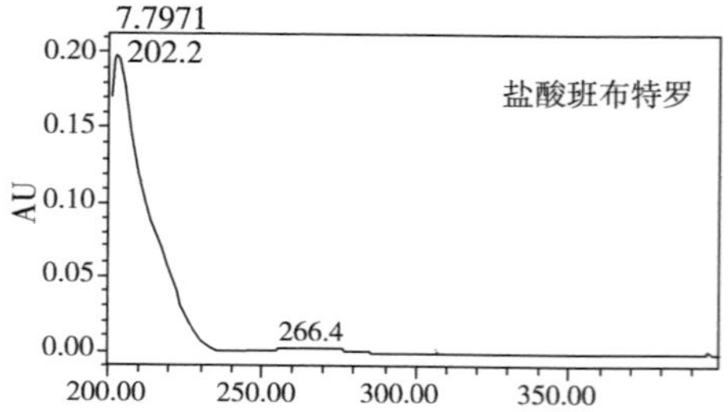
</td></tr>
<tr><td>盐酸丙
卡特罗</td><td>091-1</td><td>206.9
235.4
261.6
298.7
341.8</td><td>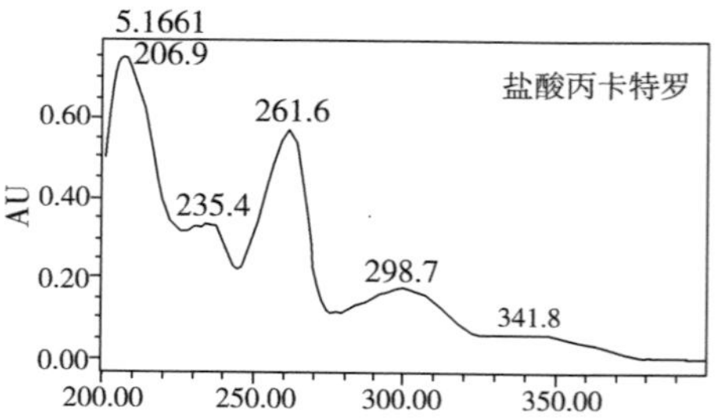
</td></tr>
</table>

（续表）

名称	编号	最大吸收波长/nm	谱图
尼美舒利	092-1	203.4 302.3	尼美舒利
盐酸二氧丙嗪	093-1	228.3 266.4 292.7 329.9	盐酸二氧丙嗪
	093-2	223.9 268.8 295.0 333.1	15.565 盐酸二氧丙嗪 水相：有机相（40：60）
氢氯噻嗪	094-1	227.1 273.5 319.1	氢氯噻嗪

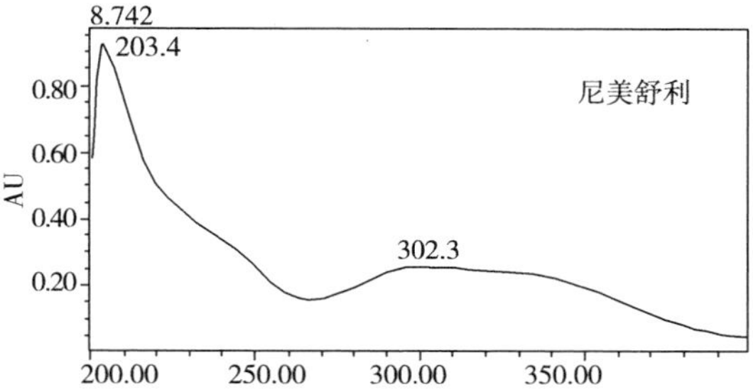

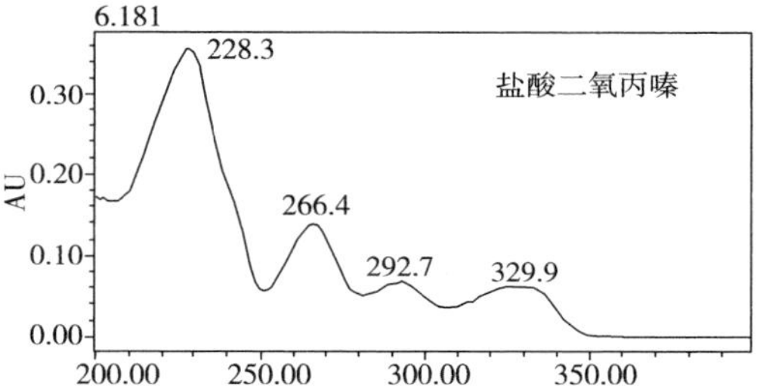

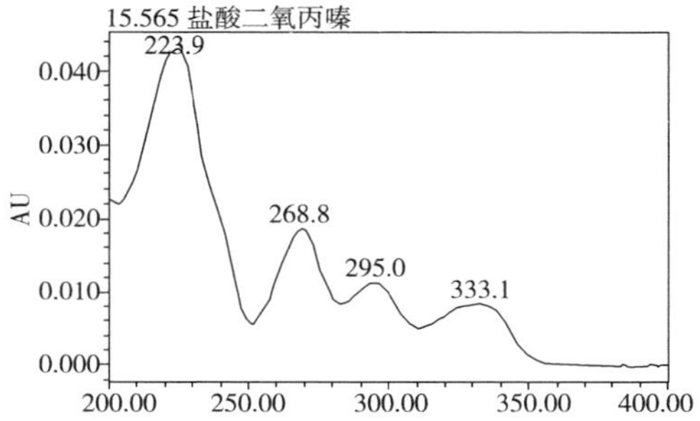

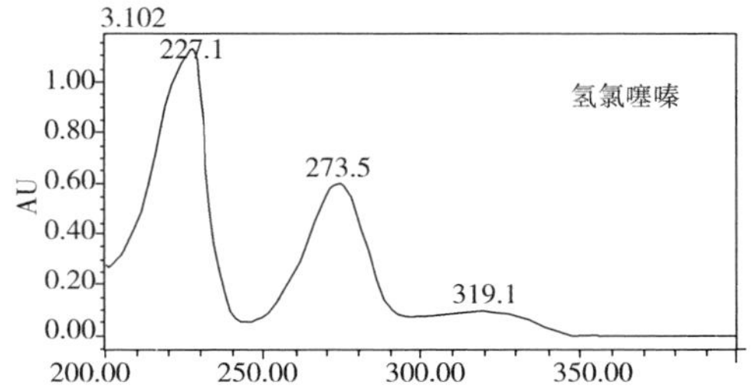

（续表）

名称	编号	最大吸收波长/nm	谱图
氢氯噻嗪	094-2	223.9 271.2 316.4	4.420 氢氯噻嗪；AU；223.9；271.2；316.4；200.00 250.00 300.00 350.00 400.00
布美他尼	095-1	202.2 223.5 334.7	7.726；布美他尼；AU；202.2；223.5；334.7；200.00 250.00 300.00 350.00
	095-2		不出峰
盐酸氨溴索	096-1	211.7 248.5 313.1	6.974；盐酸氨溴索；AU；211.7；248.5；313.1；200.00 250.00 300.00 350.00
	096-2	208.6 245.1 302.1	2.032 盐酸氨溴索；AU；208.6；245.1；302.1；389.3；200.00 250.00 300.00 350.00 400.00

（续表）

名称	编号	最大吸收波长/nm	谱图
盐酸溴己新	097-1	210.5 250.9 309.5	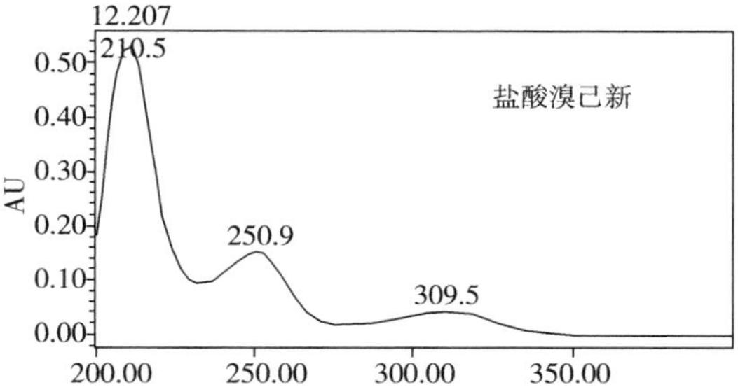 12.207 210.5 盐酸溴己新 250.9 309.5 AU 0.00 0.10 0.20 0.30 0.40 0.50 200.00 250.00 300.00 350.00
	097-2		不出峰
长春西汀	98-1	205.7 228.3 273.5 316.7	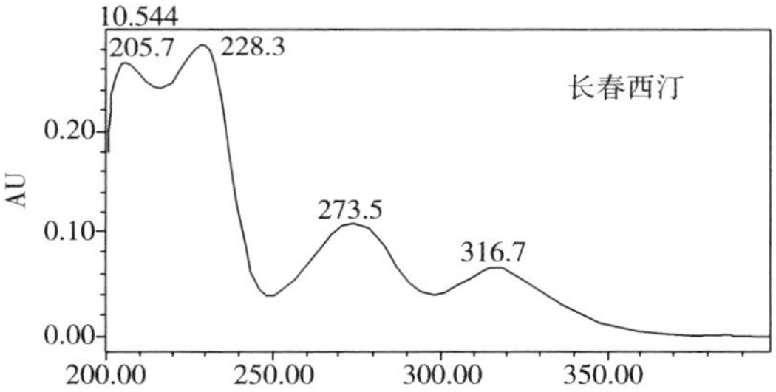 10.544 205.7 228.3 长春西汀 273.5 316.7 AU 0.00 0.10 0.20 200.00 250.00 300.00 350.00
	98-2		不出峰
依他尼酸	99-1	205.7 281.9	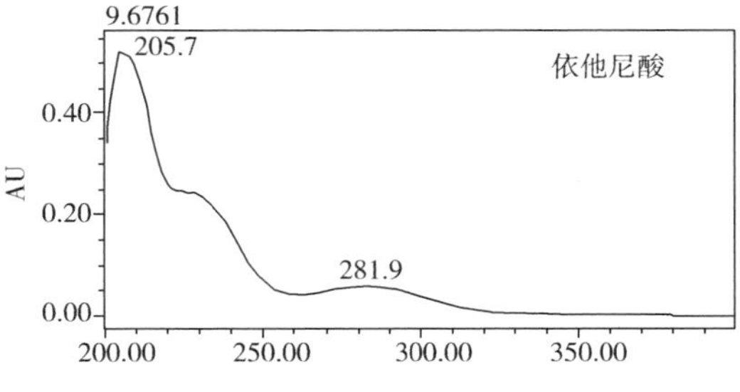 9.6761 205.7 依他尼酸 281.9 AU 0.00 0.20 0.40 200.00 250.00 300.00 350.00

（续表）

名称	编号	最大吸收波长/nm	谱图
盐酸尼卡地平	100-1	206.9 239.0 357.1	10.053 0.50 0.40 0.30 0.20 0.10 AU 206.9 239.0 盐酸尼卡地平 357.1 200.00 250.00 300.00 350.00
	100-2		不出峰
尼莫地平	101-1	204.5 240.1 359.5	9.959 0.50 0.40 0.30 0.20 0.10 AU 240.1 204.5 尼莫地平 359.5 200.00 250.00 300.00 350.00
	101-2		不出峰
盐酸氯丙嗪	102-1	204.5 258.0 309.5	9.547 0.30 0.20 0.10 0.00 AU 204.5 258.0 盐酸氯丙嗪 309.5 200.00 250.00 300.00 350.00
	102-2		不出峰

（续表）

名称	编号	最大吸收波长/nm	谱图
异丙托溴铵	103-1	202. 2 260. 4	6.1531 202.2 异丙托溴铵 260.4 AU 0.08 0.06 0.04 0.02 0.00 200.00 250.00 300.00 350.00
阿昔洛韦	104-1	203. 4 254. 4	3.2311 203.4 254.4 阿昔洛韦 AU 0.40 0.30 0.20 0.10 0.00 200.00 250.00 300.00 350.00
恩替卡韦	105-1	203. 4 255. 6	4.4971 203.4 255.6 恩替卡韦 AU 0.80 0.60 0.40 0.20 0.00 200.00 250.00 300.00 350.00
泛昔洛韦	106-1	223. 5 310. 7	7.0451 223.5 310.7 泛昔洛韦 AU 1.00 0.80 0.60 0.40 0.20 0.00 200.00 250.00 300.00 350.00

（续表）

名称	编号	最大吸收波长/nm	谱图
磷酸奥司他韦	107-1	203.4	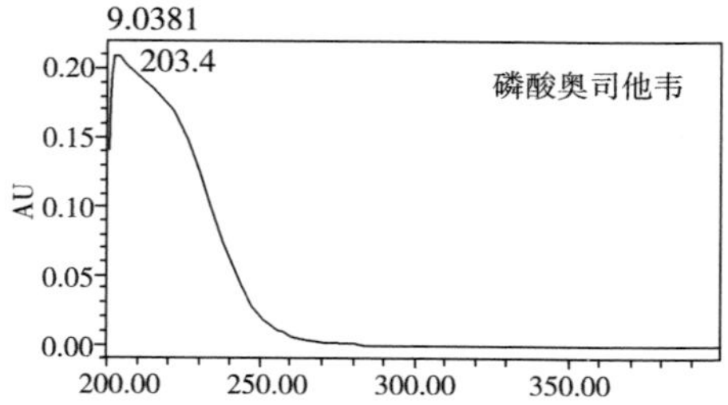 9.0381 磷酸奥司他韦 203.4 AU 0.00–0.20 200.00 250.00 300.00 350.00
醋酸倍他米松	108-1	201.0 242.5	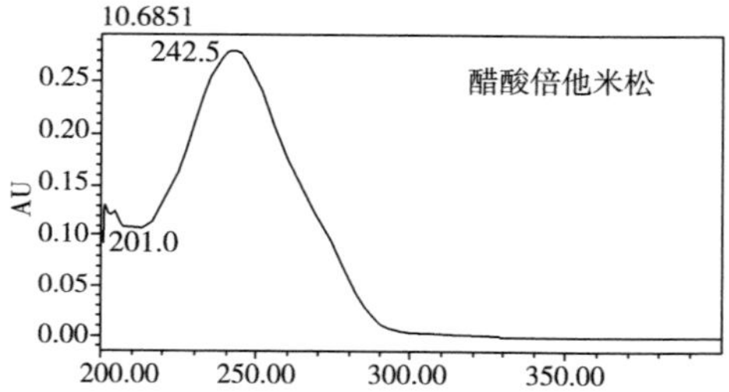 10.6851 醋酸倍他米松 242.5 201.0 AU 0.00–0.25 200.00 250.00 300.00 350.00
二丙酸倍他米松	109-1	241.3	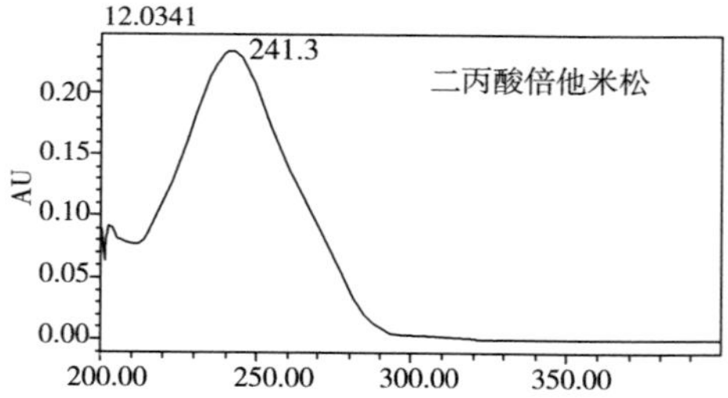 12.0341 二丙酸倍他米松 241.3 AU 0.00–0.20 200.00 250.00 300.00 350.00
倍他米松	110-1	201.0 242.5	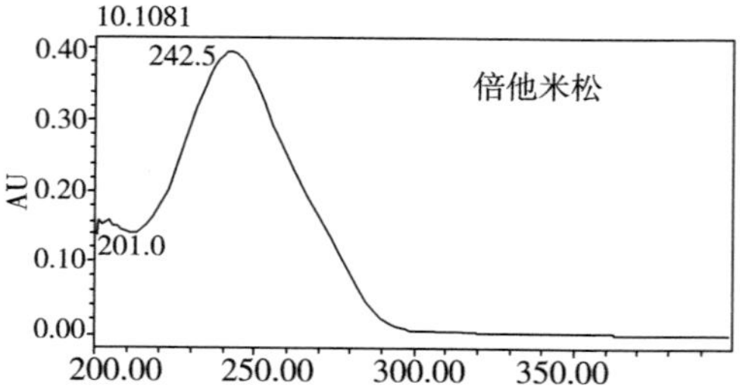 10.1081 倍他米松 242.5 201.0 AU 0.00–0.40 200.00 250.00 300.00 350.00

（续表）

名称	编号	最大吸收波长/nm	谱图
戊酸倍他米松	111-1	202.2 241.3	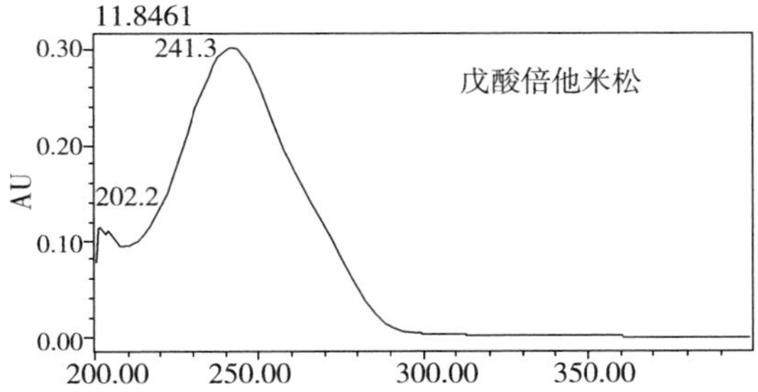 11.8461 241.3 202.2 戊酸倍他米松 AU 0.30 0.20 0.10 0.00 200.00 250.00 300.00 350.00
丙酸倍氯米松	112-1	241.3	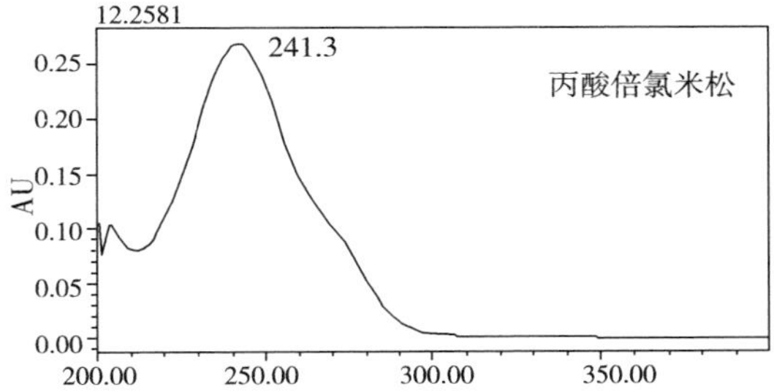 12.2581 241.3 丙酸倍氯米松 AU 0.25 0.20 0.15 0.10 0.05 0.00 200.00 250.00 300.00 350.00
倍氯米松	113-1	203.4 243.7	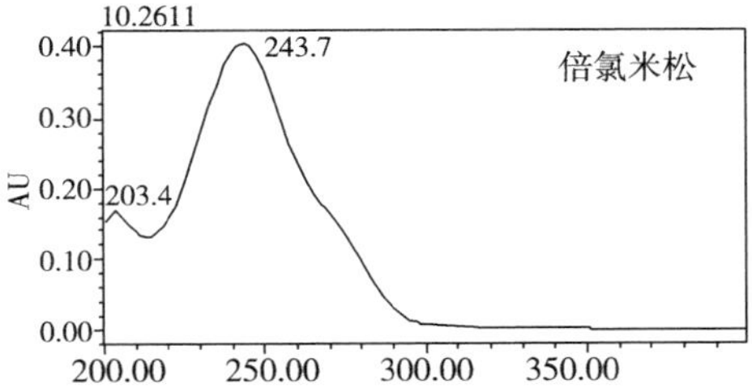 10.2611 243.7 203.4 倍氯米松 AU 0.40 0.30 0.20 0.10 0.00 200.00 250.00 300.00 350.00
丁酸氯倍他松	114-1	201.0 239.0	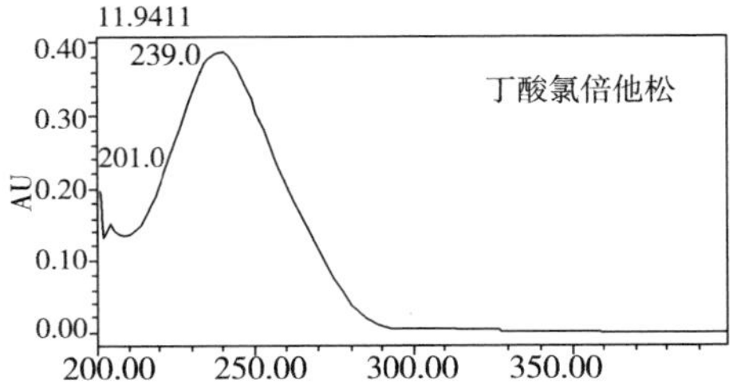 11.9411 239.0 201.0 丁酸氯倍他松 AU 0.40 0.30 0.20 0.10 0.00 200.00 250.00 300.00 350.00

（续表）

名称	编号	最大吸收波长/nm	谱图
地塞米松	115-1	242.5	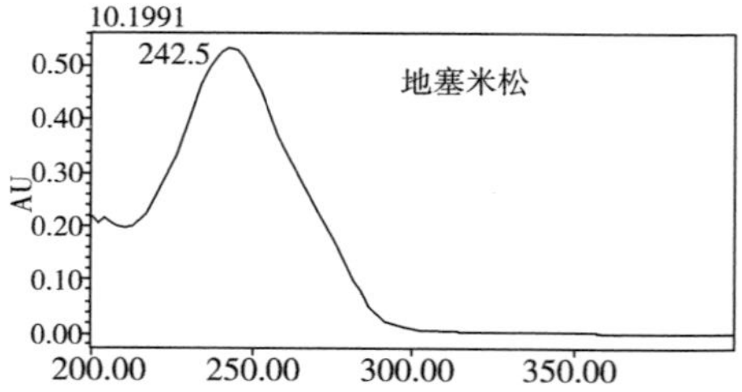
醋酸地塞米松	116-1	201.0 242.5	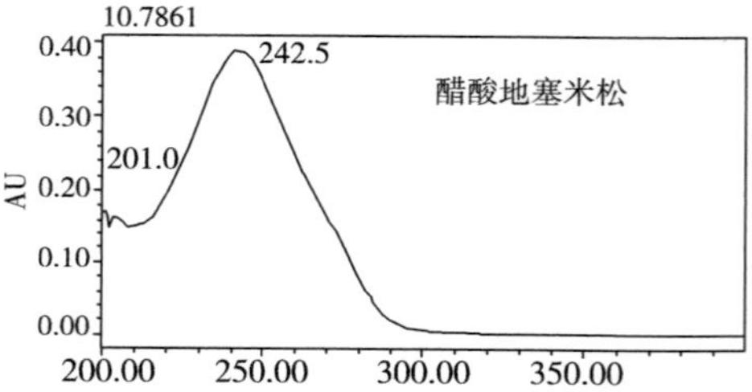
地塞米松磷酸钠	117-1	201.0 242.5	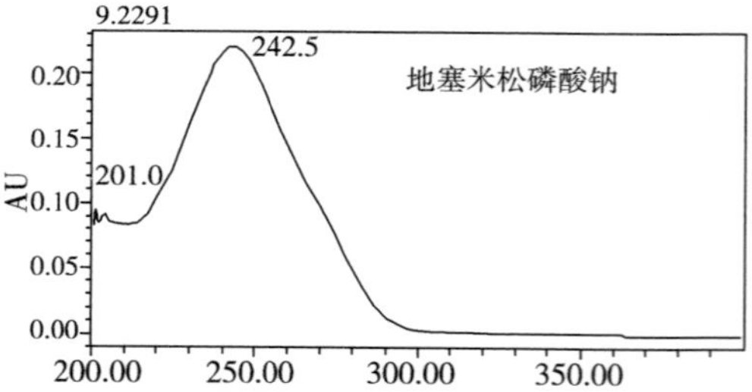
	117-2		不出峰
氟米松	118-1	241.3	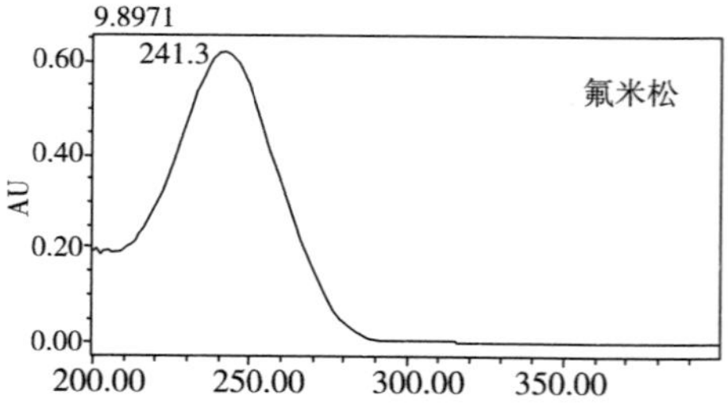

（续表）

名称	编号	最大吸收波长/nm	谱图
甲氧氯普胺	119-1	215.2 277.1 311.9	5.002 215.2 甲氧氯普胺 0.40 0.30 277.1 311.9 AU 0.20 0.10 0.00 200.00 250.00 300.00 350.00
	119-2	212.1 273.6 310.4	48 甲氧氯普胺 212.1 0.012 0.010 0.008 273.6 310.4 AU 0.006 0.004 0.002 354.7 376.0 0.000 200.00 250.00 300.00 350.00 400.00
吡喹酮	120-1	204.5 266.4	9.4521 0.60 204.5 吡喹酮 0.40 AU 0.20 266.4 0.00 200.00 250.00 300.00 350.00
	120-2	198.0 262.9	19.337 吡喹酮 0.12 198.0 0.10 0.08 AU 0.06 0.04 0.02 262.9 0.00 200.00 250.00 300.00 350.00 400.00

（续表）

名称	编号	最大吸收波长/nm	谱图
盐酸利多卡因	121-1	202.2	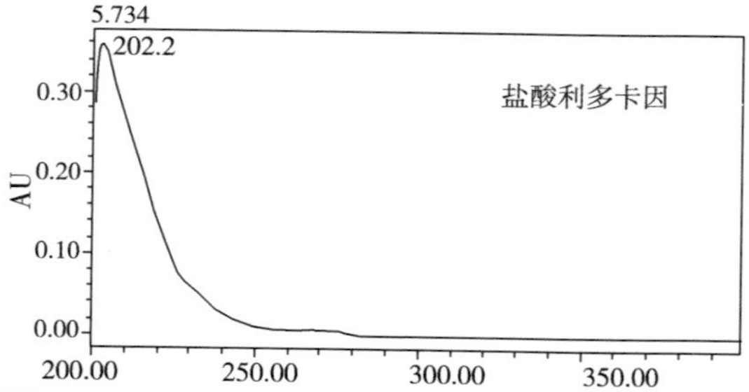 5.734 202.2 盐酸利多卡因 AU 0.30 0.20 0.10 0.00 200.00 250.00 300.00 350.00
	121-2	198.0	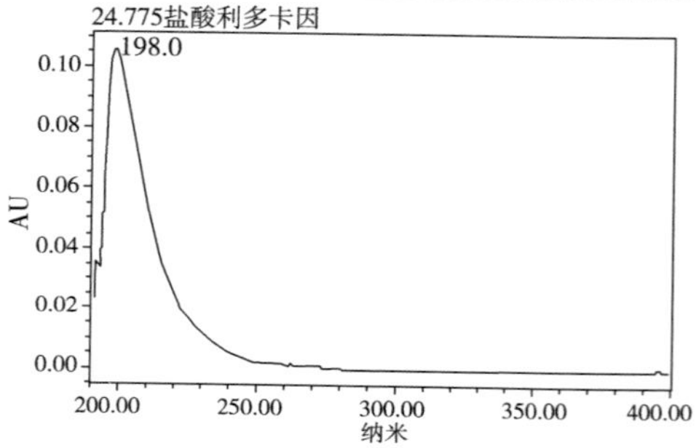 24.775盐酸利多卡因 198.0 AU 0.10 0.08 0.06 0.04 0.02 0.00 200.00 250.00 300.00 350.00 400.00 纳米
盐酸吗啉胍	122-1	203.4 239.0	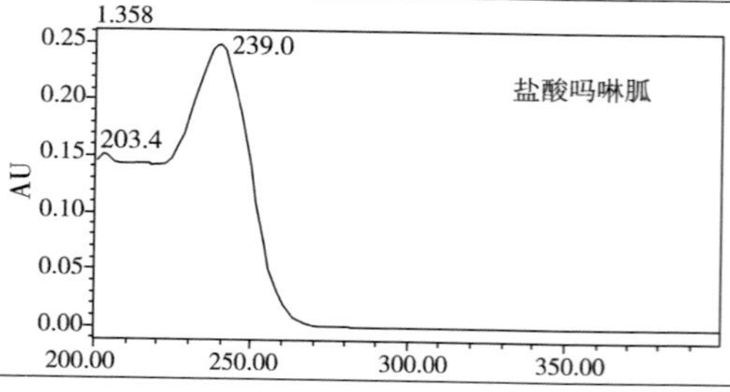 1.358 239.0 203.4 盐酸吗啉胍 AU 0.25 0.20 0.15 0.10 0.05 0.00 200.00 250.00 300.00 350.00
	122-2	198.0 236.9	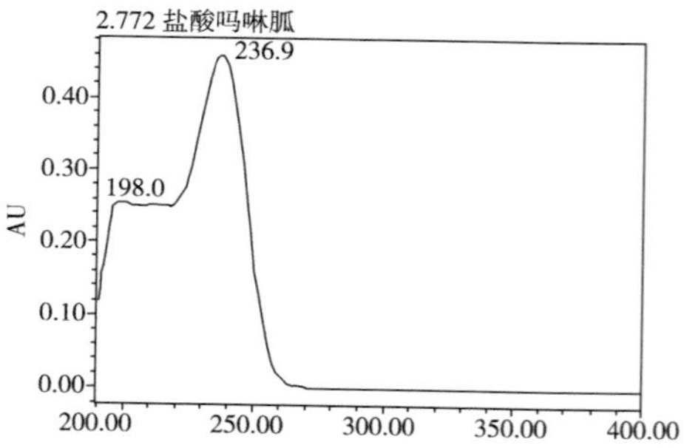 2.772 盐酸吗啉胍 236.9 198.0 AU 0.40 0.30 0.20 0.10 0.00 200.00 250.00 300.00 350.00 400.00

（续表）

名称	编号	最大吸收波长/nm	谱图
芬苯达唑	123-1	220.0 297.5	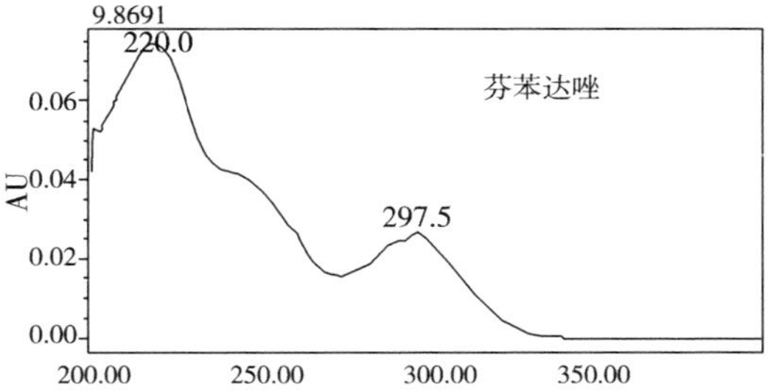
	123-2		不出峰
盐酸氯苯胍	124-1	204.5 320.3	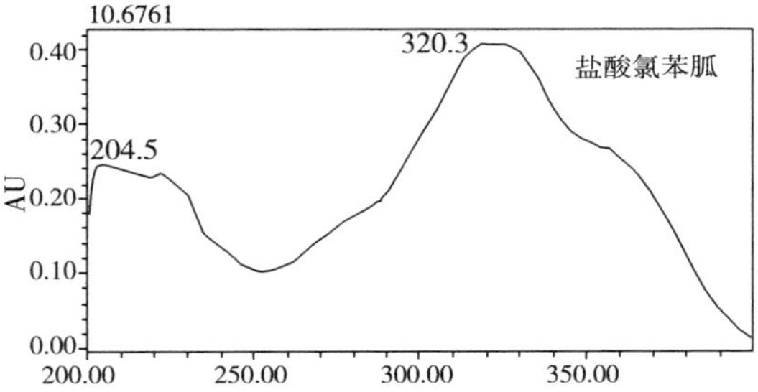
	124-2		不出峰
三氯苯达唑	125-1	204.5 223.5 308.3	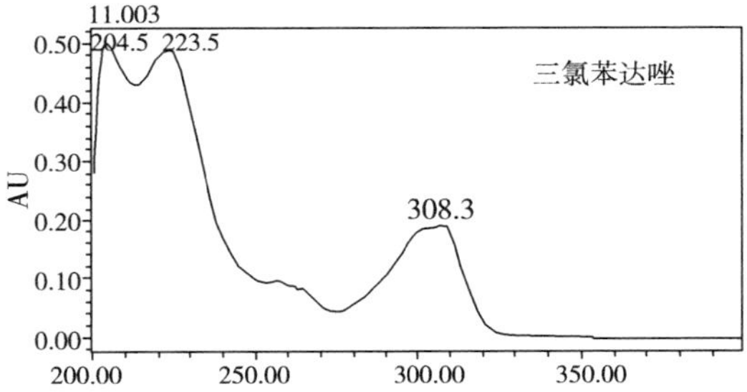
	125-2		不出峰

（续表）

<table>
<tr><th>名称</th><th>编号</th><th>最大吸收波长/nm</th><th>谱图</th></tr>
<tr><td rowspan="2">氟甲喹</td><td>126-1</td><td>236. 6
326. 3</td><td>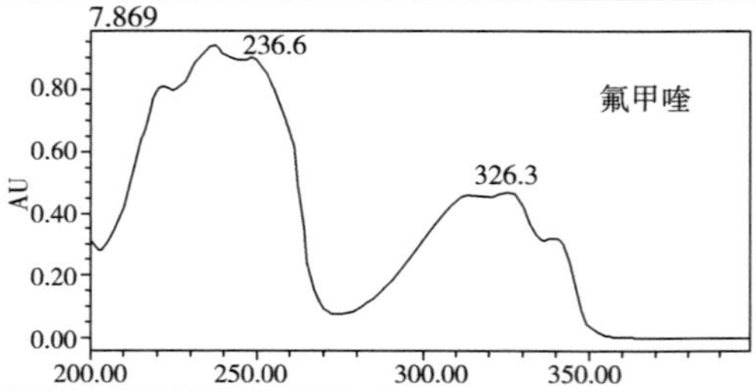
</td></tr>
<tr><td>126-2</td><td>215. 7
247. 5
330. 7</td><td>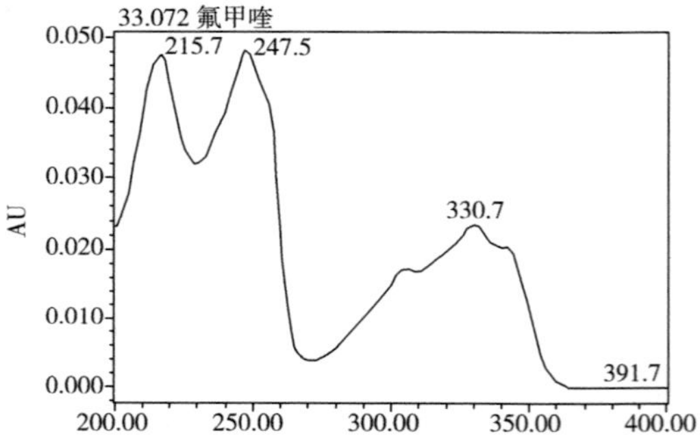
</td></tr>
<tr><td rowspan="2">丙磺舒</td><td>127-1</td><td>202. 2
244. 9</td><td>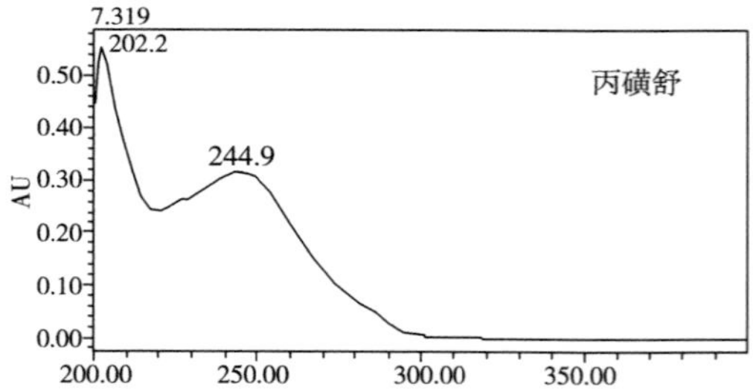
</td></tr>
<tr><td>127-2</td><td>198. 0
242. 8</td><td>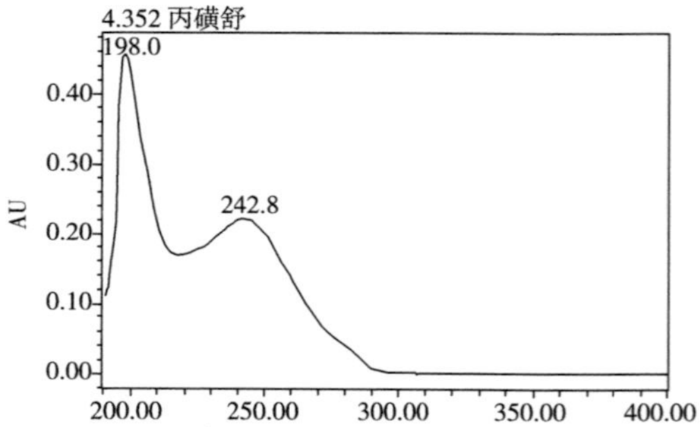

水相：有机相（40：60）</td></tr>
</table>

（续表）

名称	编号	最大吸收波长/nm	谱图
利福平	128-1	203. 4 240. 1 338. 3	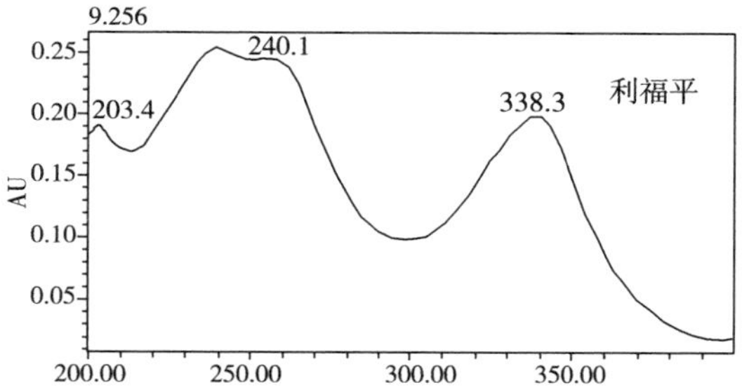 9.256 利福平 203.4 240.1 338.3 AU 0.05 0.10 0.15 0.20 0.25 200.00 250.00 300.00 350.00
	128-2		不出峰
氟康唑	129-1	203. 4 262. 8	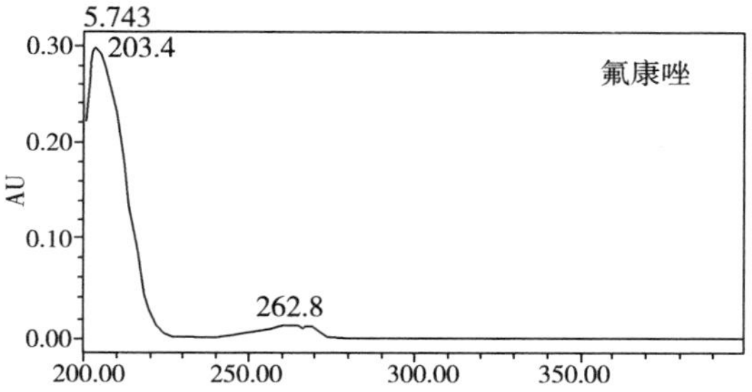 5.743 氟康唑 203.4 262.8 AU 0.00 0.10 0.20 0.30 200.00 250.00 300.00 350.00
	129-2	199. 2 260. 5	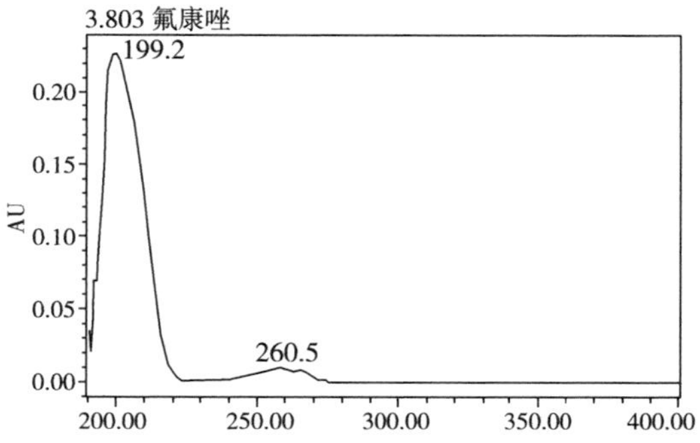 3.803 氟康唑 199.2 260.5 AU 0.00 0.05 0.10 0.15 0.20 200.00 250.00 300.00 350.00 400.00

（续表）

名称	编号	最大吸收波长/nm	谱图
尼卡巴嗪	130-1	217.6 297.5	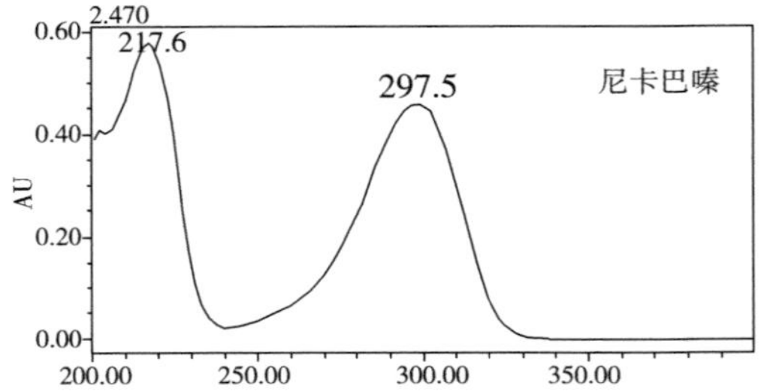
	130-2	215.7 295.0	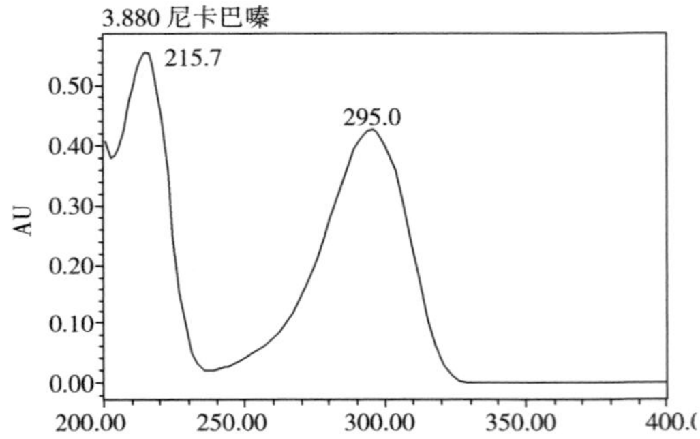
青霉素	131-1	204.5	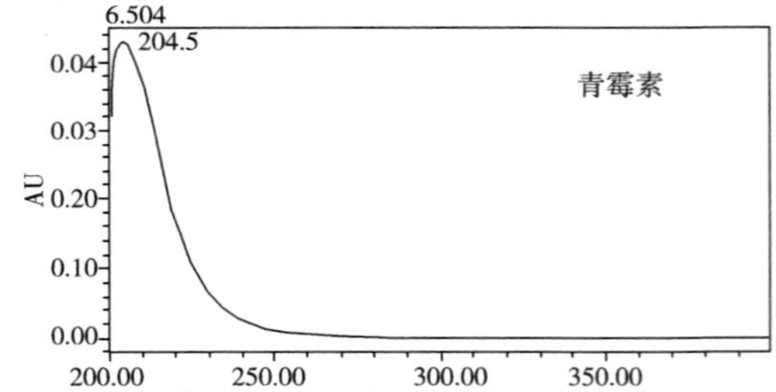
	131-2	/	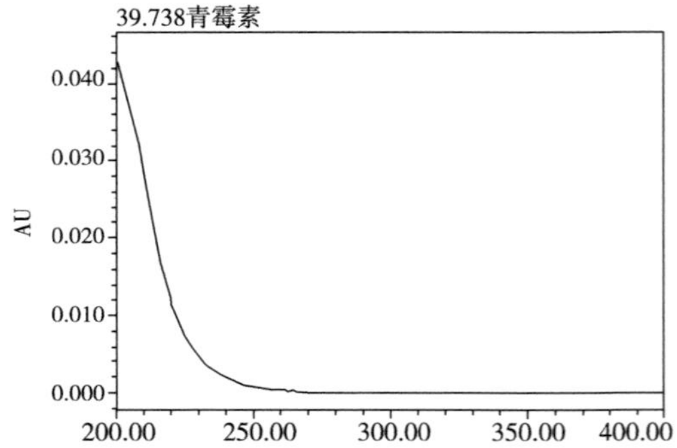

（续表）

名称	编号	最大吸收波长/nm	谱图
替米考星	132-1	203.4 291.5	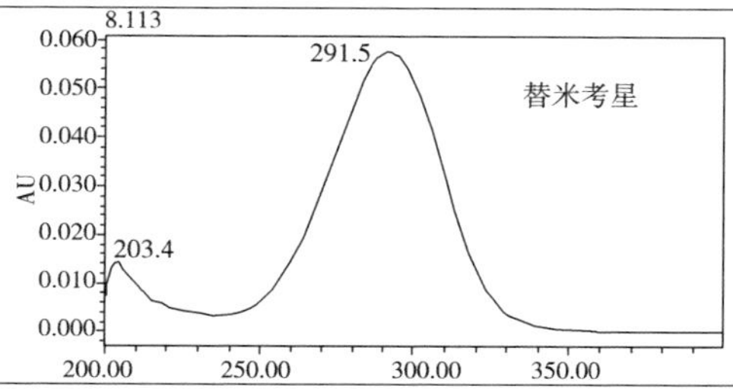 替米考星
	132-2		不出峰
万古霉素	133-1	204.5 283.1	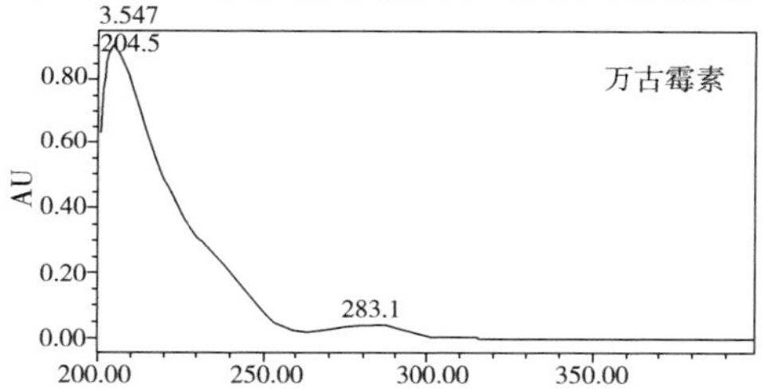 万古霉素
	133-2		不出峰
盐酸阿米洛利	134-1	215.2 287.9 365.5	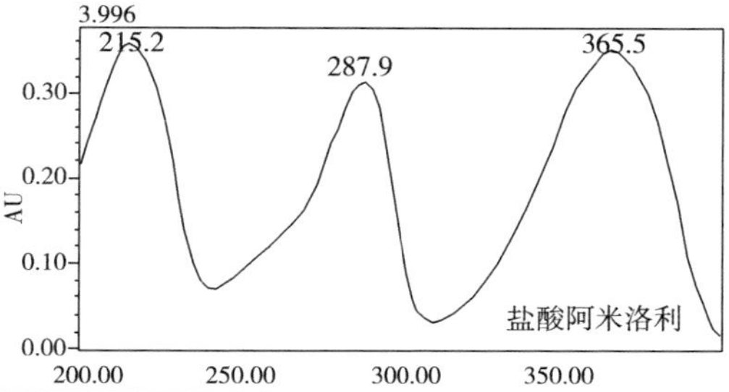 盐酸阿米洛利
	134-2	213.3 285.4 361.0	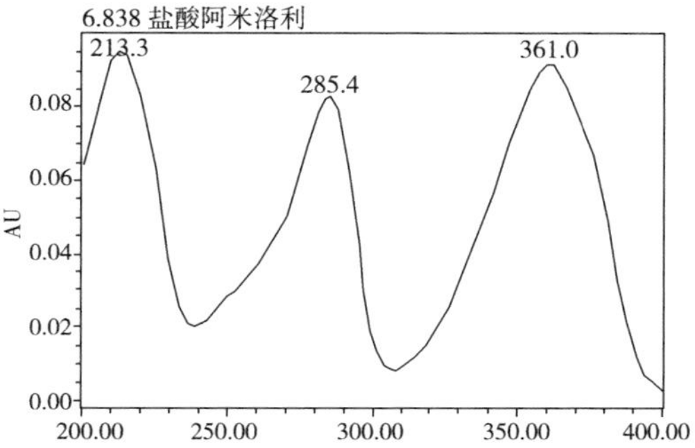 6.838 盐酸阿米洛利

（续表）

名称	编号	最大吸收波长/nm	谱图
阿维菌素	135-1	204.5 247.3	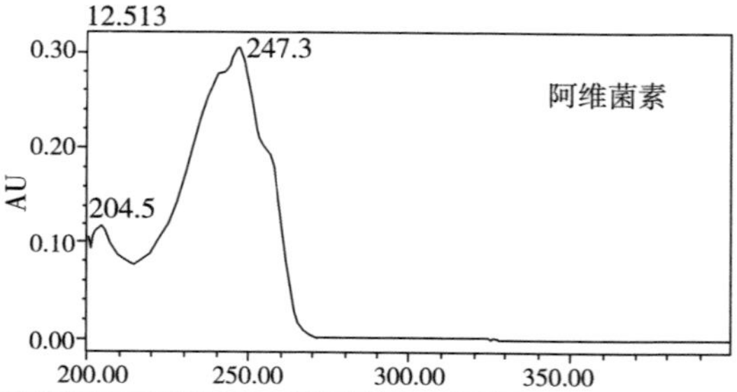 12.513；247.3；204.5；阿维菌素；AU；0.00–0.30；200.00 250.00 300.00 350.00
	135-2		不出峰
盐酸左旋咪唑	136-1	216.4	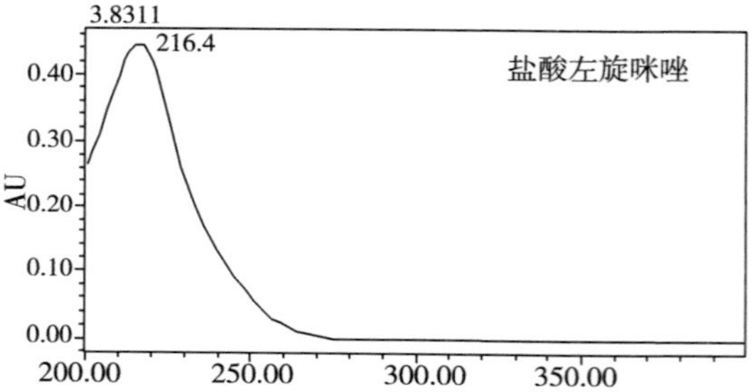 3.8311；216.4；盐酸左旋咪唑；AU；0.00–0.40；200.00 250.00 300.00 350.00
	136-2	207.4	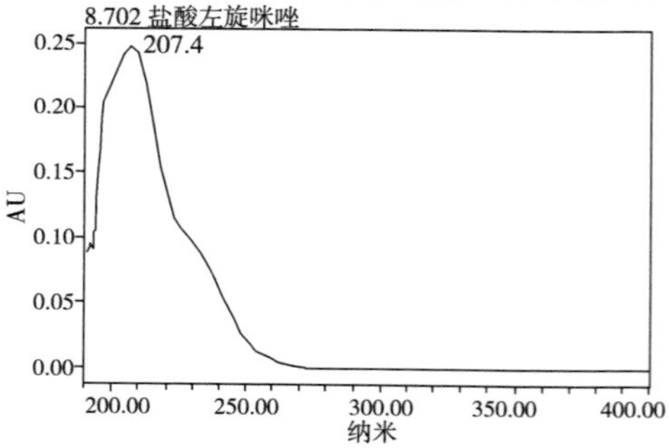 8.702 盐酸左旋咪唑；207.4；AU；0.00–0.25；200.00 250.00 300.00 350.00 400.00；纳米
赛拉嗪	137-1	203.4 248.5	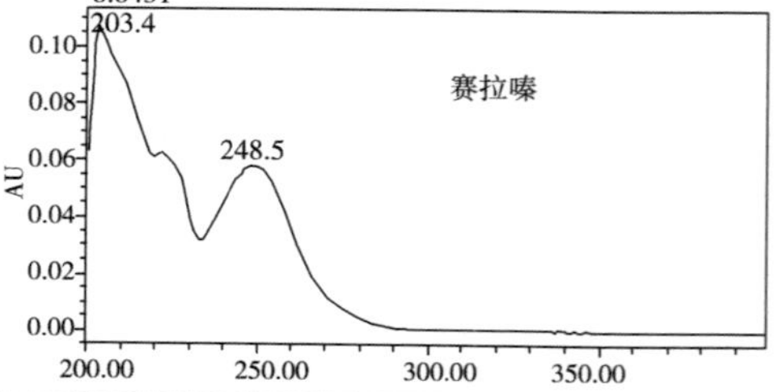 8.8431；203.4；248.5；赛拉嗪；AU；0.00–0.10；200.00 250.00 300.00 350.00

（续表）

名称	编号	最大吸收波长/nm	谱图
阿佐塞米	138-1	241.3 284.3 329.9	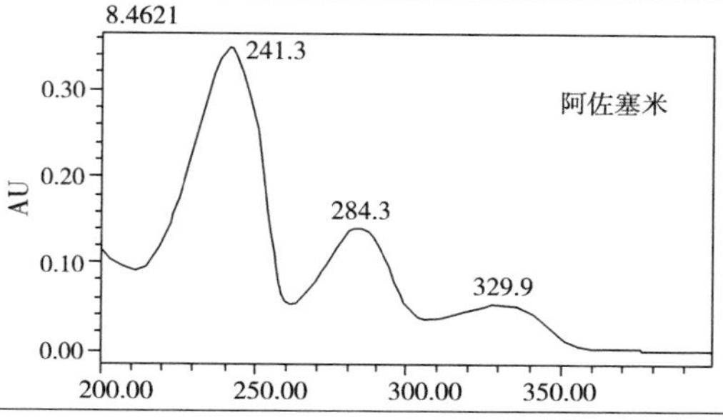 8.4621 241.3 阿佐塞米 284.3 329.9 AU 0.30 0.20 0.10 0.00 200.00 250.00 300.00 350.00
苄氟噻嗪	139-1	210.5 274.7 329.9	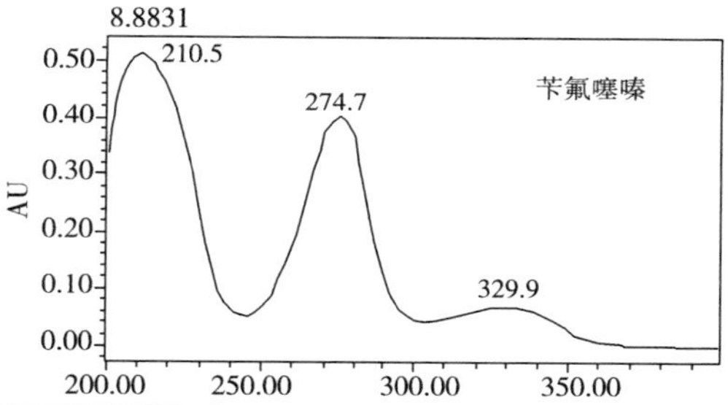 8.8831 210.5 苄氟噻嗪 274.7 329.9 AU 0.50 0.40 0.30 0.20 0.10 0.00 200.00 250.00 300.00 350.00
二氟尼柳	140-1	208.1 256.8 308.3	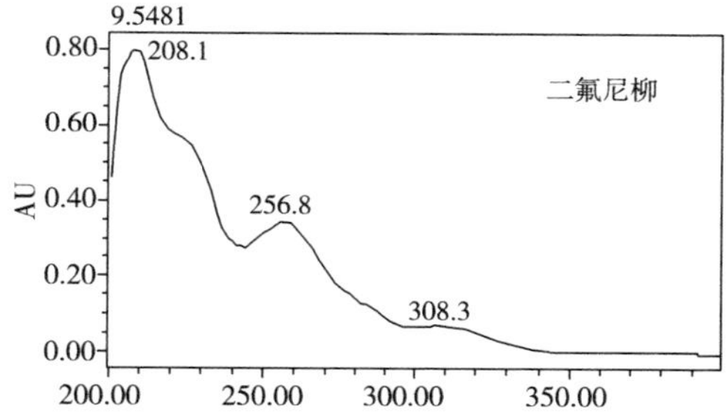 9.5481 208.1 二氟尼柳 256.8 308.3 AU 0.80 0.60 0.40 0.20 0.00 200.00 250.00 300.00 350.00
拉米夫定	141-1	204.5 274.7	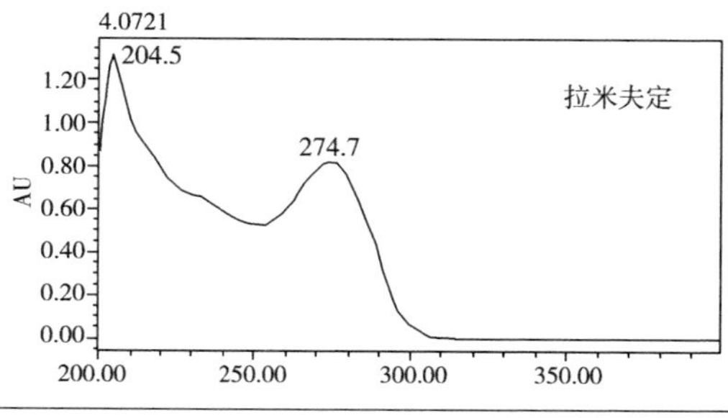 4.0721 204.5 拉米夫定 274.7 AU 1.20 1.00 0.80 0.60 0.40 0.20 0.00 200.00 250.00 300.00 350.00

（续表）

名称	编号	最大吸收波长/nm	谱图
呋塞米	142-1	230. 6 279. 5 333. 5	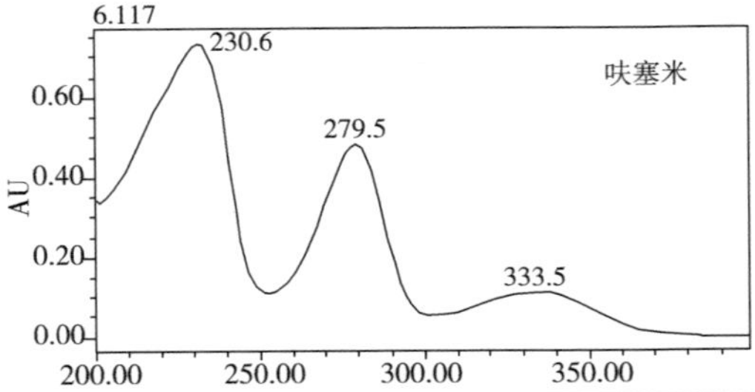
螺内酯	143-1	242. 5 308. 3	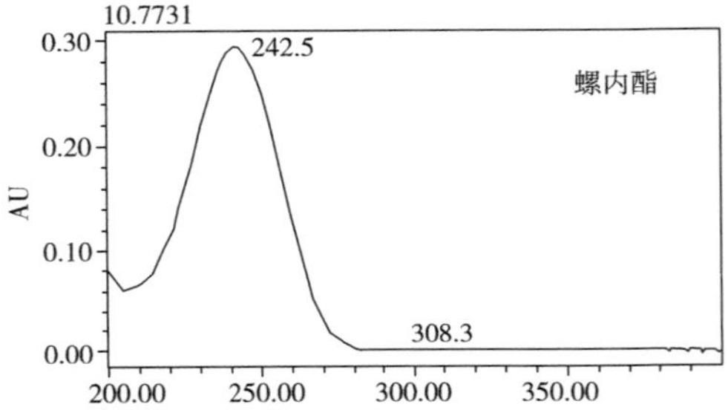
洛伐他汀	144-1	240. 1	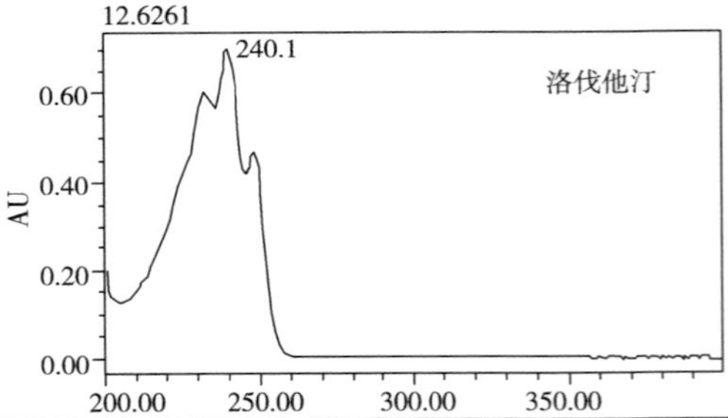
氯苯蝶啶	145-1	218. 8 363. 1	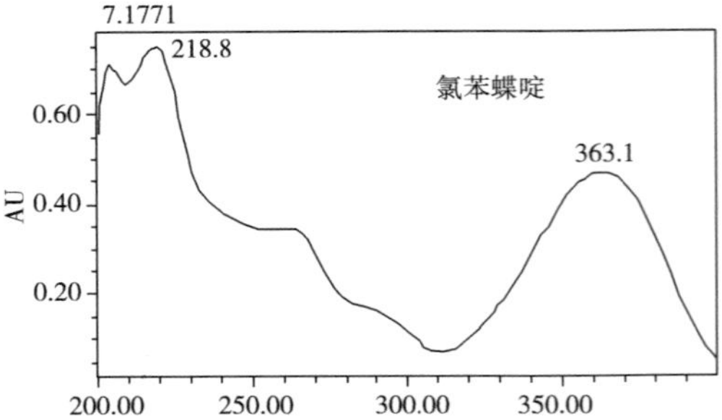

（续表）

名称	编号	最大吸收波长/nm	谱图
氯噻酮	146-1	203.4 278.3	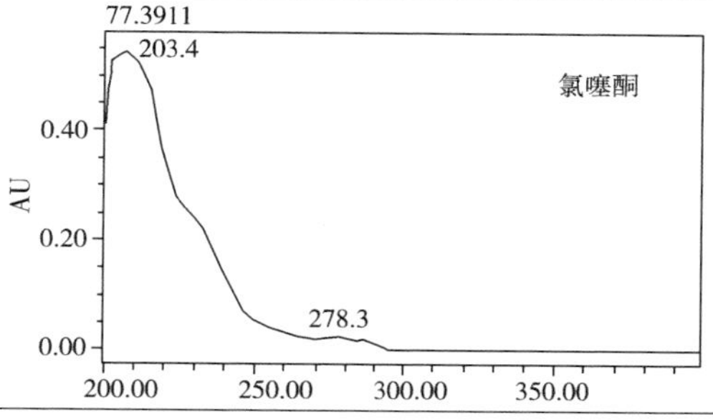 77.3911 203.4 氯噻酮 278.3 AU 0.40 0.20 0.00 200.00 250.00 300.00 350.00
色甘酸钠	147-1	239.0 328.7	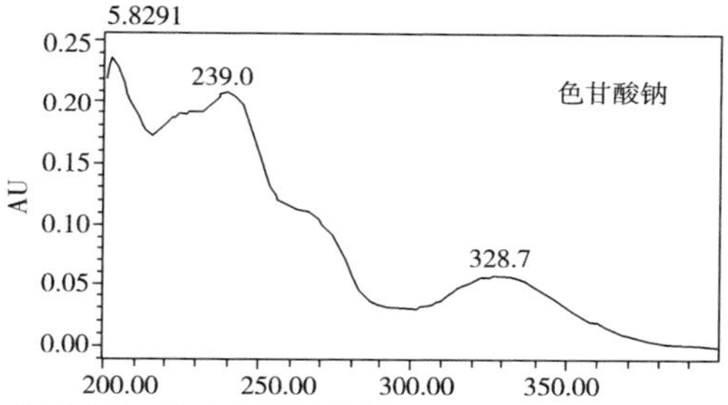 5.8291 239.0 色甘酸钠 328.7 AU 0.25 0.20 0.15 0.10 0.05 0.00 200.00 250.00 300.00 350.00
盐酸洛哌丁胺	148-1	203.4 261.6	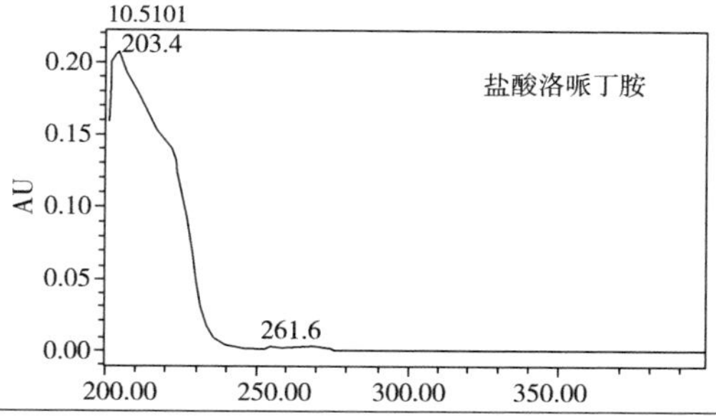 10.5101 203.4 盐酸洛哌丁胺 261.6 AU 0.20 0.15 0.10 0.05 0.00 200.00 250.00 300.00 350.00
维生素 B_1	149-1	202.2 236.6 265.2	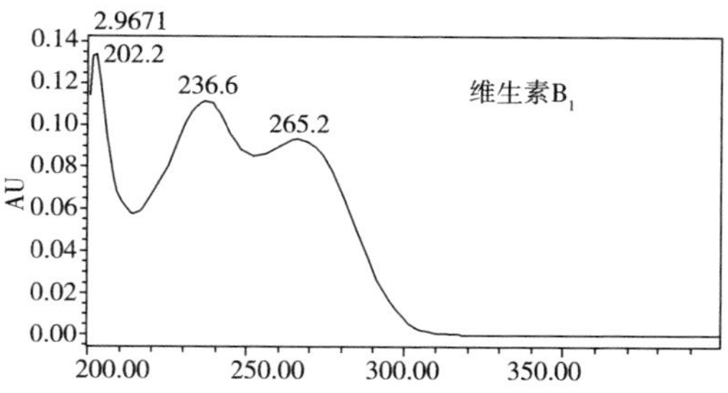 2.9671 202.2 236.6 265.2 维生素B_1 AU 0.14 0.12 0.10 0.08 0.06 0.04 0.02 0.00 200.00 250.00 300.00 350.00

（续表）

名称	编号	最大吸收波长/nm	谱图
穿心莲内酯	150-1	202. 2 227. 1	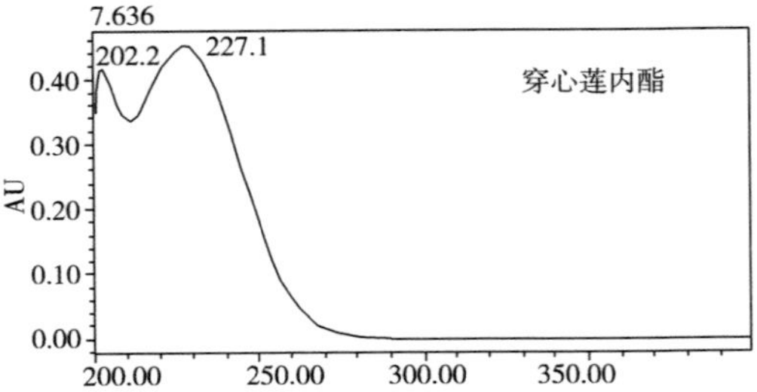
黄芩苷	151-1	216. 4 279. 5 320. 3	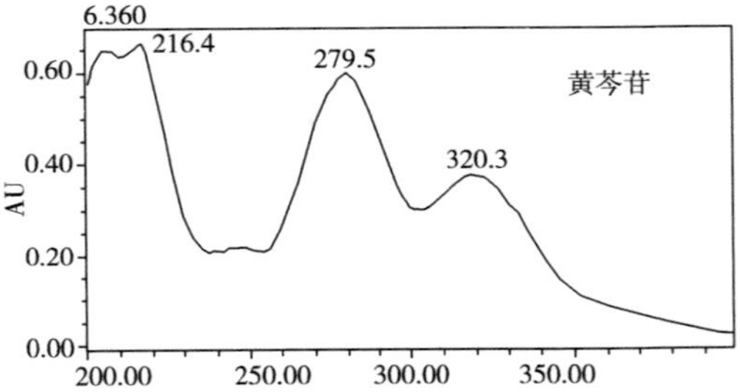
绿原酸	152-1	220. 0 327. 5	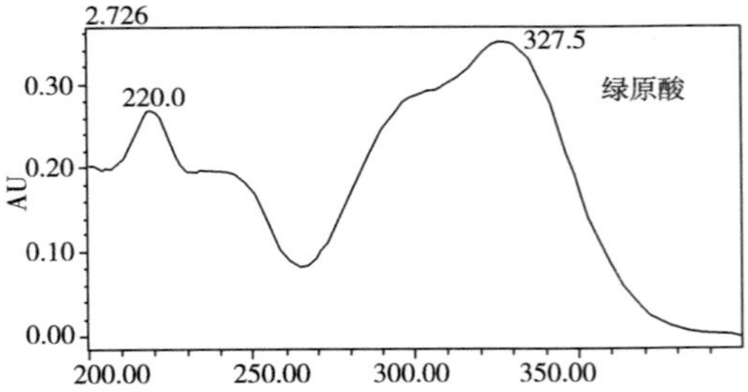
盐酸小檗碱	153-1	230. 6 266. 4 349. 9	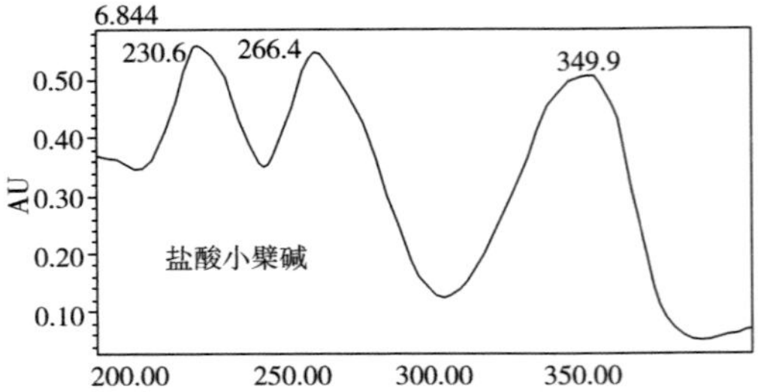

（二）兽药中非特定非法添加物质检查方法

兽药中非特定非法添加物质检查方法

本标准适用于没有已发布的具体的兽药中非法添加物质检查方法标准时使用，本标准执行前应进行耐用性验证，仅限用于建立方法的实验室，其他实验室使用时应重新进行耐用性验证。本标准执行时，应同时进行试剂空白和样品空白与阳性对照试验，检验报告应给出检出限。

第一法　液相色谱—二极管阵列法

色谱条件与系统适用性试验　根据可疑添加物性质，参照药品国家标准、兽药国家标准或者兽药残留检测方法标准的条件自建。

对照品溶液的制备　精密称取目标对照品适量，用甲醇或者其他适宜溶剂配制成每 1mL 中含对照品 10μg 至 50μg 的溶液。

供试品溶液的制备　固体制剂需研细，称取细粉适量（如约相当于一头动物一次用量）；用甲醇或者其他适宜溶剂（超声）定量溶解，滤过，精密量取续滤液定量稀释（稀释倍数要确保不造成仪器污染），即得；液体制剂量直接精密量取或称取适量，稀释，即得。对于含有高浓度的有机盐和乳化剂等存在强烈的基质效应辅料的产品，应适当增加前处理步骤。

测定法　分别精密吸取上述两种溶液适量注入液相色谱仪，同时记录色谱图与光谱图；通过与对照品液相色谱图保留时间、光谱图的比对，确定供试品溶液中是否含有可疑添加物。

结果判定　在供试品和对照品浓度接近的情况下，供试品色谱图中如出现与对照品峰保留时间一致的色谱峰（差异不大于±5%）；在一定的波长范围内，两者光谱图无明显差异；最大吸收波长一致（差异不大于±2nm），判为检出非法添加物。

第二法　液相色谱—高分辨质谱法

液质联用条件　根据可疑添加物性质自建，采用全扫描方式采集一级质谱和二级质谱信息。

对照品溶液的制备　精密称取目标对照品适量，用甲醇或者其他适宜溶剂配制成每 1mL 中含对照品 50ng 至 500ng 的溶液。

供试品溶液的制备 同第一法。

测定法 分别精密吸取上述两种溶液适量注入液相色谱—串联质谱仪，记录液相色谱图及一级质谱图与二级质谱图；通过与对照品溶液色谱图保留时间、质谱图的对比，确定供试品溶液中是否含有可疑添加物。

结果判定

方法 1 供试品色谱图中如出现与对照品峰保留时间一致的色谱峰（保留时间相对偏差不大于 2.5%）；供试品质谱图与对照品的应一致（包括分子离子和至少一个碎片离子，质量数差异小于等于 5mg/kg），判为检出非法添加物。

方法 2 供试品与对照品分子离子峰的质量数偏差不大于 5mg/kg，且二级质谱图与对照品的二级质谱图一致，判为检出非法添加物。

第三法 液相色谱—串联质谱法

液质联用条件 根据可疑添加物性质自建，采用离子扫描（SRM）或多反应监测（MRM）。定性离子对选用兽药残留检测方法标准中的定性离子对或者符合至少 4 个（非禁用药 3 个）识别点数的要求。

对照品溶液的制备、供试品溶液的制备 同第二法。

测定法 分别精密吸取上述两种溶液适量注入液相色谱—串联质谱仪，记录特征离子质量色谱图；通过与对照品溶液色谱图保留时间、离子丰度比的对比，确定供试品溶液中是否含有可疑添加物。

结果判定 供试品色谱图中如出现与对照品峰保留时间一致的色谱峰（差异不大于±2.5%）；供试品离子丰度比应与对照品的一致，容许偏差符合表 1 的要求，判为检出非法添加物。

表 1 离子丰度比的允许偏差范围

相对丰度/%	允许偏差/%
>50	±20
>20~50	±25
>10~20	±30
≤10	±50

（三）中兽药固体制剂中非法添加物质检查方法——显微鉴别法

中兽药固体制剂中非法添加物质检查方法——显微鉴别法

1　适用范围

1.1　本方法适用于不含动物类、矿物类药材（如珍珠、石决明、动物角甲骨骼、石膏、玄明粉、滑石粉、硫磺、朱砂等）的中兽药散剂中非法添加处方外化学成分的检查。

1.2　本方法适用于中兽药散剂、颗粒剂、胶囊剂、片剂、丸剂、锭剂等中非法添加处方外其他药味的检查。

2　检查方法

照显微鉴别法（《中国兽药典》二部附录2001）测定。

散剂、颗粒剂与胶囊剂　取适量粉末（内容物为颗粒状，应研细）直接装片或透化装片。

片剂　取2~3片；丸剂、锭剂（包衣者除去包衣）取数丸或1~2锭，分别置乳钵中研细，取适量粉末装片，或透化后装片。

对于一些浸膏与粉末混合投料的制剂，以上制片方法仍难以查见饮片的显微鉴别特征，可以取样品适量，加水适量，搅拌；或超声处理，使其分散后离心沉淀，如此反复操作以除尽浸膏，用吸管吸取沉淀物适量装片，或透化后装片。

共制样片5片，置显微镜下观察。

3　记录

对有鉴别意义的特征应有详细文字描述；并采用显微摄像或显微图像采集系统采集并制作显微图谱，或手绘显微特征简图。

应注意标准规定以外的异常显微特征的记录，并根据药材的基源、成方制剂的处方和制法综合分析。如果检出标准以外的纤维、石细胞、分泌组织等特征，以对照药材进行佐证。

4 结果判定

4.1 不含动物类、矿物类药材的中兽药散剂中1片及以上检出非处方晶片，且多见，系检出非法添加组方外化学成分，判定为不符合规定。

4.2 兽药制剂中1片及以上检出处方外的药味或组织特征，且多见，系检出非法添加处方外其他药味，判定为不符合规定。

二、确证方法

（一）单一中药制剂中的非法添加物测定

序号	非法添加物检测方法标准名称	兽药制剂	非法添加物	技术方法	检测品种数
06	《黄芪多糖注射液中非法添加解热镇痛类、抗病毒类、抗生素类、氟喹诺酮类等11种化学药物（物质）检查方法》	黄芪多糖注射液	解热镇痛类：对乙酰氨基酚、安乃近、氨基比林、安替比林；抗病毒类：利巴韦林、盐酸吗啉胍；抗生素类：林可霉素；氟喹诺酮类：诺氟沙星、氧氟沙星、环丙沙星、恩诺沙星等11种化学药物（物质）	TLC，HPLC	11
19	《黄芪多糖注射液中非法添加地塞米松磷酸钠检查方法》	黄芪多糖注射液	地塞米松磷酸钠	HPLC	1
21	《柴胡注射液中非法添加利巴韦林检查方法》	柴胡注射液	利巴韦林	HPLC	1
23	《柴胡注射液中非法添加对乙酰氨基酚检查方法》	柴胡注射液	对乙酰氨基酚	HPLC	1
22	《柴胡注射液中非法添加盐酸吗啉胍、金刚烷胺、金刚乙胺检查方法》	柴胡注射液	盐酸吗啉胍、金刚烷胺、金刚乙胺	HPLC-MS/MS	3
24	《鱼腥草注射液中非法添加甲氧氯普胺检查方法》	鱼腥草注射液	甲氧氯普胺	HPLC	1
25	《鱼腥草注射液中非法添加林可霉素检查方法》	鱼腥草注射液	林可霉素	HPLC-MS/MS	1

（续表）

序号	非法添加物检测方法标准名称	兽药制剂	非法添加物	技术方法	检测品种数
26	《鱼腥草注射液中非法添加水杨酸、氧氟沙星检查方法》	鱼腥草注射液	水杨酸、氧氟沙星	HPLC	2
42	《鱼腥草注射液中非法添加庆大霉素检查方法》	鱼腥草注射液	庆大霉素	HPLC-MS丨MS	1
28	《扶正解毒散中非法添加茶碱、安乃近检查方法》	扶正解毒散	茶碱、安乃近	HPLC	2
29	《黄连解毒散中非法添加对乙酰氨基酚、盐酸溴己新检查方法》	黄连解毒散	对乙酰氨基酚、盐酸溴己新	HPLC	2
35	《甘草颗粒中非法添加吲哚美辛检查方法》	甘草颗粒	吲哚美辛	HPLC	1

黄芪多糖注射液中非法添加解热镇痛类、抗病毒类、抗生素类、氟喹诺酮类等11种化学药物（物质）检查方法

1　适用范围

1.1　本法适用于黄芪多糖注射液中非法添加解热镇痛类、抗病毒类、抗生素类、氟喹诺酮类等11种化学药物（物质）的检查。

1.2　用于其他兽药制剂中非法添加该11种化学药物（物质）检查时，需进行空白试验和检测限测定。

2　测试药物

2.1　解热镇痛类：对乙酰氨基酚、安乃近、安替比林、氨基比林。

2.2　抗病毒类：利巴韦林、盐酸吗啉胍。

2.3　林可霉素。

2.4　喹诺酮类：氧氟沙星、诺氟沙星、环丙沙星、恩诺沙星。

3　检查方法

3.1　薄层色谱法

取供试品1.0mL，加水—甲醇（1∶1）至25mL，作为供试品溶液。照薄层色谱法（《中国兽药典》一部附录0502）试验。吸取供试品溶液3μL，点于

硅胶 GF_{254}薄层板上，以乙酸乙酯—乙醇（1∶1）为展开剂，展开，取出，晾干。置紫外光灯（254nm）下检视，不得检出斑点。如色谱图中 R_f值约 0.55、0.8、0.9 处显现暗色斑点，照 3.2.1 项下的方法验证；如 R_f值约 0.35 处显现暗色斑点，照 3.2.3 项下的方法验证；如 R_f值小于 0.1 处显现亮蓝色斑点，照 3.2.4 项下的方法验证。

另将上述薄层板置碘蒸气中熏蒸后，置紫外光灯（254nm）下检视，不得检出斑点。如色谱图中 R_f值约 0.35 处显现暗色斑点，照 3.2.3 项下的方法验证；如 R_f值约 0.6 处显现暗色斑点，照 3.2.2 项下的方法验证。

3.2　高效液相色谱法

照高效液相色谱法（《中国兽药典》一部附录 0512）测定。

3.2.1　解热镇痛类

色谱条件与系统适用性试验　用十八烷基硅烷键合硅胶为填充剂；以磷酸盐缓冲液（取磷酸二氢钠 6.0g，加水 1 000mL 使溶解，加三乙胺 1mL，用氢氧化钠试液调节 pH 值至 7.0）—甲醇（70∶30）为流动相；二极管阵列检测器，采集波长范围为 190~400nm，分辨率为 1.2nm；记录 229nm 波长处的色谱图。供试品溶液中对乙酰氨基酚、安乃近、安替比林、氨基比林色谱峰与相邻色谱峰分离度应符合要求。

测定法　取供试品 1.0mL，加甲醇稀释至 750mL，作为供试品溶液。取安乃近对照品约 30mg，对乙酰氨基酚、安替比林、氨基比林对照品各约 12.5mg，加甲醇 25mL，振摇使溶解；取 5.0mL，加甲醇稀释至 25mL，摇匀，作为对照品溶液（临用前配制）。取供试品溶液和对照品溶液各 10μL，分别注入液相色谱仪，同时记录色谱图与光谱图。必要时，可调整供试品溶液或对照品溶液的浓度，使两者峰面积近似。通过与对照品溶液色谱图保留时间、光谱图的比对，确定供试品中是否含有对乙酰氨基酚、安乃近、安替比林或氨基比林。

3.2.2　利巴韦林

色谱条件与系统适用性试验　用氢型阳离子交换树脂，磺化交联的苯乙烯—二乙烯基共聚物为填充剂；以水（用稀硫酸调节 pH 值至 2.5±0.1）为流动相，流速为每分钟 0.3mL；二极管阵列检测器，采集波长范围为 190~

400nm，分辨率为 1.2nm；记录 207nm 波长处的色谱图。理论板数按利巴韦林峰计算应不低于3 000。供试品溶液中利巴韦林色谱峰与相邻色谱峰分离度应符合要求。

测定法　取供试品 1.0mL，加水稀释至 1 500mL，作为供试品溶液。取利巴韦林对照品约 15mg，加水 50mL，振摇使溶解；取 5.0mL，加水稀释至 25mL，摇匀，作为对照品溶液。取供试品溶液和对照品溶液各 20μL，分别注入液相色谱仪，同时记录色谱图与光谱图。必要时，可调整供试品溶液或对照品溶液的浓度，使两者峰面积近似。通过与对照品溶液色谱图保留时间、光谱图的比对，确定供试品中是否含有利巴韦林。

3.2.3　林可霉素、盐酸吗啉胍

色谱条件与系统适用性试验　用十八烷基硅烷键合硅胶为填充剂；以 0.02mol/L 磷酸氢二铵溶液—乙腈（70∶30）为流动相；二极管阵列检测器，采集波长范围为 190～400nm，分辨率为 1.2nm；记录 202nm（林可霉素）、240nm（盐酸吗啉胍）波长处的色谱图。供试品溶液中林可霉素、盐酸吗啉胍色谱峰与相邻色谱峰分离度应符合要求。

测定法　取供试品 1.0mL，加水—乙腈（70∶30）稀释至 100mL，作为供试品溶液。取林可霉素对照品约 60mg、盐酸吗啉胍对照品约 15mg，分别加水—乙腈（70∶30）25mL，振摇使溶解；各取 5.0mL，加水—乙腈（70∶30）稀释至 25mL，摇匀，作为对照品溶液。取供试品溶液和对照品溶液各 10μL，分别注入液相色谱仪，同时记录色谱图与光谱图。必要时，可调整供试品溶液或对照品溶液的浓度，使两者峰面积近似。通过与对照品溶液色谱图保留时间、光谱图的比对，确定供试品中是否含有林可霉素或盐酸吗啉胍。

3.2.4　喹诺酮类

色谱条件与系统适用性试验　用十八烷基硅烷键合硅胶为填充剂（Waters Atlantis® T_3）；以磷酸溶液—乙腈（取磷酸 3mL 加水至1 000mL，用三乙胺调节 pH 值至 3.0±0.1，加乙腈 53mL）为流动相 A，乙腈为流动相 B，甲醇为流动相 C，以 A∶B∶C 为 85.5∶7.0∶7.5 进行洗脱（可调节流动相 B 和流动相 C 比例，使氧氟沙星峰与诺氟沙星峰分离度符合规定）；二极管阵列检测器，采集波长范围为200~400nm，分辨率为1.2nm；记录283nm波长处的色谱图。

取氧氟沙星、诺氟沙星对照品各约12.5mg，分别加2%磷酸溶液—乙腈（1∶1）50mL，超声处理15min使溶解；各取2.0mL，置同一容器中，加流动相A稀释至10.0mL，摇匀，作为系统适用性试验溶液。取10μL注入液相色谱仪，记录色谱图与光谱图。氧氟沙星与诺氟沙星色谱峰的分离度应符合要求。

测定法 取供试品1.0mL，加2%磷酸溶液—乙腈（1∶1）稀释至400mL，作为供试品溶液。取氧氟沙星、诺氟沙星、盐酸环丙沙星、恩诺沙星对照品各约12.5mg，分别加2%磷酸溶液—乙腈（1∶1）50mL，超声处理15min使溶解；各取5.0mL，置25mL量瓶中，加流动相A稀释至刻度，摇匀，作为对照品溶液。取供试品溶液和对照品溶液各10μL，分别注入液相色谱仪，同时记录色谱图与光谱图。必要时，可调整供试品溶液或对照品溶液的浓度，使两者峰面积近似。通过与对照品溶液色谱图保留时间、光谱图的比对，确定供试品中是否含有氧氟沙星、诺氟沙星、环丙沙星或恩诺沙星。

4 结果判定

4.1 供试品溶液色谱图中如出现与相应对照品保留时间一致的峰（差异小于等于±5%），且为单一物质峰；在规定的采集波长范围内，两者紫外光谱图匹配，且最大吸收波长一致（差异小于等于±2nm），判定为检出被测试药物（物质）。

4.2 供试品溶液色谱图中峰保留时间与相应对照品峰相同，但峰面积小于检测限峰面积，判定为未检出被测试药物（物质）。

5 检测限

5.1 薄层色谱法

5.1.1 解热镇痛类：0.5g/L。

5.1.2 盐酸吗啉胍、林可霉素：1g/L。

5.1.3 利巴韦林：4g/L。

5.1.4 喹诺酮类：0.5g/L。

5.2 高效液相色谱法

5.2.1 解热镇痛类：8mg/L。

5.2.2　利巴韦林：2mg/L。

5.2.3　林可霉素、盐酸吗啉胍：6mg/L。

5.2.4　喹诺酮类：2mg/L。

黄芪多糖注射液中非法添加地塞米松磷酸钠检查方法

1　适用范围

1.1　本方法适用于黄芪多糖注射液中非法添加地塞米松磷酸钠的检查。

1.2　用于其他兽药制剂中非法添加地塞米松磷酸钠检查时，需进行空白试验和检测限测定。

2　检查方法

照高效液相色谱法（《中国兽药典》一部附录0512）测定。

色谱条件与系统适用性试验　用十八烷基键合硅胶为填充剂；以三乙胺溶液（取三乙胺7.5mL，加水稀释至1 000mL，用磷酸调节pH值至3.0）—甲醇—乙腈（55∶40∶5）为流动相；二极管阵列检测器，采集波长为190～400nm，分辨率为1.2nm；记录242nm波长处的色谱图。供试品溶液中地塞米松磷酸钠色谱峰与相邻色谱峰分离度应符合要求。

测定法　取供试品10.0mL，置100mL量瓶中，用流动相稀释至刻度，摇匀，作为供试品溶液；取地塞米松磷酸钠对照品约10mg，加流动相使溶解并稀释制成每1mL中约含0.1mg的溶液，摇匀，作为对照品溶液。取供试品溶液和对照品溶液各10μL，分别注入液相色谱仪，同时记录色谱图与光谱图。必要时，可调整供试品溶液或对照品溶液的浓度，使两者峰面积近似。通过与对照品溶液色谱图保留时间、光谱图的比对，确定供试品中是否含有地塞米松磷酸钠。

3　结果判定

3.1　供试品溶液色谱图中如出现与地塞米松磷酸钠对照品保留时间一致的峰（差异小于等于±5%），且为单一物质峰；在规定的采集波长范围内，两者紫外光谱图匹配，且最大吸收波长一致（差异小于等于±2nm），判定为检出地塞米松磷酸钠。

3.2　供试品溶液色谱图中峰保留时间与地塞米松磷酸钠对照品峰相同，但峰面积小于检测限峰面积，判定为未检出地塞米松磷酸钠。

4　检测限

本方法检测限为0.1g/L。

柴胡注射液中非法添加利巴韦林检查方法

1　适用范围

1.1　本方法适用于柴胡注射液中非法添加利巴韦林的检查。

1.2　用于其他兽药制剂中非法添加利巴韦林检查时，需进行空白试验和检测限测定。

2　检查方法

照高效液相色谱法（《中国兽药典》一部附录0512）测定。

色谱条件与系统适用性试验　用十八烷基硅烷键合硅胶为填充剂；以水（用稀硫酸调节pH值至2.5±0.1）为流动相；二极管阵列检测器，采集波长范围为190~400nm，分辨率为1.2nm；记录207nm波长处的色谱图。供试品溶液中利巴韦林色谱峰与相邻色谱峰分离度应符合要求。

测定法　取本品2.0mL，置50mL量瓶中，用水稀释至刻度，摇匀；取5.0mL，置100mL量瓶中，用水稀释至刻度，摇匀，作为供试品溶液。取利巴韦林对照品适量，加水制成每1mL中约含0.04mg的溶液，摇匀，作为对照品溶液。取供试品溶液和对照品溶液各10μL，分别注入液相色谱仪，同时记录色谱图与光谱图。必要时，可调整供试品溶液或对照品溶液的浓度，使两者峰面积近似。通过与对照品溶液色谱图保留时间、光谱图的比对，确定供试品中是否含有利巴韦林。

3　结果判定

3.1　供试品溶液色谱图中如出现与利巴韦林对照品保留时间一致的峰（差异小于等于±5%），且为单一物质峰；在规定的采集波长范围内，两者紫外光谱图匹配，且最大吸收波长一致（差异小于等于±2nm）判定为检出利巴韦林。

3.2 供试品溶液色谱图中峰保留时间与利巴韦林对照品峰相同，但峰面积小于检测限峰面积，判定为未检出利巴韦林。

4 检测限

本方法检测限为2g/L。

柴胡注射液中非法添加对乙酰氨基酚检查方法

1 适用范围

1.1 本方法适用于柴胡注射液中非法添加对乙酰氨基酚的检查。

1.2 用于其他兽药制剂中非法添加对乙酰氨基酚检查时，需进行空白试验和检测限测定。

2 检查方法

照高效液相色谱法（《中国兽药典》一部附录0512）测定。

色谱条件与系统适用性试验 用十八烷基硅烷键合硅胶为填充剂；以0.05mol/L醋酸铵溶液—甲醇（85∶15）为流动相；二极管阵列检测器，采集波长范围为210~400nm，分辨率为1.2nm；记录257nm波长处的色谱图。供试品溶液中对乙酰氨基酚色谱峰与相邻色谱峰分离度应符合要求。

测定法 取供试品2.0mL，置50mL量瓶中，用流动相稀释至刻度，摇匀；取1.0mL，置25mL量瓶中，用流动相稀释至刻度，摇匀，作为供试品溶液。取对乙酰氨基酚对照品适量，加流动相使溶解并稀释制成每1mL中约含0.1mg的溶液，摇匀，作为对照品溶液。取供试品溶液和对照品溶液各10μL，分别注入液相色谱仪，同时记录色谱图与光谱图。必要时，可调整供试品溶液或对照品溶液的浓度，使两者峰面积近似。通过与对照品溶液色谱图保留时间、光谱图的比对，确定供试品中是否含有对乙酰氨基酚。

3 结果判定

3.1 供试品溶液色谱图中如出现与对乙酰氨基酚对照品保留时间一致的峰（差异小于等于±5%），且为单一物质峰；在规定的采集波长范围内，两者紫外光谱图匹配，且最大吸收波长一致（差异小于等于±2nm），判定为检出对乙酰氨基酚。

3.2　供试品溶液色谱图中峰保留时间与对乙酰氨基酚对照品峰相同，但峰面积小于检测限峰面积，判定为未检出对乙酰氨基酚。

4　检测限

本方法检测限为2.5g/L。

柴胡注射液中非法添加盐酸吗啉胍、金刚烷胺、金刚乙胺检查方法

1　适用范围

1.1　本方法适用于柴胡注射液中非法添加盐酸吗啉胍、金刚烷胺、金刚乙胺的检查。

1.2　用于其他兽药制剂中非法添加盐酸吗啉胍、金刚烷胺、金刚乙胺的检查时，需进行空白试验和检测限测定。

2　检查方法（高效液相色谱—串联质谱法）

色谱条件　用十八烷基键合硅胶为填充剂（含亲水基团）；以甲醇为流动相A，0.2%甲酸溶液为流动相B，按表1进行梯度洗脱；流速为每分钟0.25mL；柱温为30℃。

表1　梯度洗脱条件

时间/min	流动相A/%	流动相B/%
0	10	90
1.0	80	20
3.0	80	20
3.1	10	90
6.0	10	90

质谱条件　扫描方式为电喷雾源正离子扫描；检测方式为多反应监测；电离电压3.0kV；源温120℃；碰撞气为氩气（0.1mbar）；驻留时间0.05s。

测定法　取供试品2.0mL，置100mL量瓶中，加甲醇—水—甲酸（10∶90∶0.2）稀释至刻度，摇匀，取1.0mL，用甲醇—水—甲酸（10∶90∶0.2）稀释至100mL，摇匀，取1.0mL，用甲醇—水—甲酸（10∶90∶0.2）稀

释至 10. 0mL，摇匀，作为供试品溶液。另取盐酸吗啉胍、金刚烷胺、金刚乙胺对照品适量，加甲醇—水—甲酸（10：90：0. 2）使溶解并稀释制成每 1mL 中各约含 0. 02μg 的混合溶液，摇匀，作为对照品溶液。取供试品溶液和对照品溶液各 5μL 注入液相色谱—串联质谱仪，记录特征离子质量色谱图。

3　结果判定

3. 1　试剂空白溶液和供试品空白溶液不出现与对照品溶液相同的特征离子峰。

3. 2　特征离子色谱峰的信噪比都在 3：1 以上，信噪比以峰对峰计算。

3. 3　供试品溶液色谱图中如出现与盐酸吗啉胍、金刚烷胺或金刚乙胺对照品保留时间一致的峰（差异小于等于±2. 5%），定性离子对与对照品一致（表 2），特征离子丰度比与对照品溶液的一致（偏差符合表 3 要求），判定为检出盐酸吗啉胍、金刚烷胺或金刚乙胺。

表 2　定性、定量离子对和锥孔电压、碰撞能量

目标化合物	定性离子对/（m/z）	定量离子对/（m/z）	锥孔电压/V	碰撞能量/eV
盐酸吗啉胍	172. 13>113. 06	172. 13>60. 10	33	20
	172. 13>60. 10			17
金刚烷胺	152. 03>135. 05	152. 03>135. 05	36	18
	152. 03>92. 95			28
金刚乙胺	180. 10>163. 06	180. 10>163. 06	38	16
	180. 10>80. 97			24

表 3　离子丰度比的允许偏差范围

相对丰度/%	允许偏差/%
>50	±20
>20~50	±25

（续表）

相对丰度/%	允许偏差/%
>10~20	±30
≤10	±50

4 检测限

本方法检测限均为 1g/L。

鱼腥草注射液中非法添加甲氧氯普胺检查方法

1 适用范围

1.1 本方法用于鱼腥草注射液中非法添加甲氧氯普胺的检查。

1.2 用于其他兽药制剂中非法添加甲氧氯普胺检查时，需进行空白试验和检测限测定。

2 检查方法

照高效液相色谱法（《中国兽药典》一部附录 0512）测定。

色谱条件与系统适用性试验 用十八烷基硅烷键合硅胶为填充剂；以 0.02mol/L 磷酸溶液（三乙胺调节 pH 值至 4.0）—乙腈（81∶19）为流动相；二极管阵列检测器，采集波长范围为 200~400nm，分辨率为 1.2nm；记录 275nm 波长处的色谱图。供试品溶液中甲氧氯普胺色谱峰与相邻色谱峰分离度应符合要求。

测定法 取供试品 0.2mL，置 10mL 量瓶中，加甲醇稀释至刻度，摇匀，作为供试品溶液；取甲氧氯普胺对照品适量，加甲醇制成每 1mL 中含 60μg 的溶液，作为对照品溶液。取供试品溶液和对照品溶液各 20μL，分别注入液相色谱仪，同时记录色谱图与光谱图。必要时，可调整供试品溶液或对照品溶液的浓度，使两者峰面积近似。通过与对照品液相色谱图保留时间、光谱图的比对，确定供试品中是否含有甲氧氯普胺。

3 结果判定

3.1 供试品溶液色谱图中如出现与甲氧氯普胺对照品保留时间一致的峰

（差异小于等于±5%），且为单一物质峰；在规定的采集波长范围内，两者紫外光谱图匹配，且最大吸收波长一致（差异小于等于±2nm），判定为检出甲氧氯普胺。

3.2　供试品溶液色谱图中峰保留时间与甲氧氯普胺对照品峰相同，但峰面积小于检测限峰面积，判定为未检出甲氧氯普胺。

4　检测限

本方法检测限均为6mg/L。

鱼腥草注射液中非法添加林可霉素检查方法

1　适用范围

1.1　本方法适用于鱼腥草注射液中非法添加林可霉素的检查。

1.2　用于其他兽药制剂中非法添加林可霉素的检查时，需进行空白试验和检测限测定。

2　检查方法（高效液相色谱—串联质谱法）

色谱条件　用十八烷基硅烷键合硅胶为填充剂；以乙腈为流动相A，0.01mol/L乙酸铵溶液为流动相B，按表1进行梯度洗脱；流速为每分钟0.3mL；柱温为30℃。

表1　梯度洗脱条件

时间/min	流动相A/%	流动相B/%
0	10	90
6.0	70	30
6.1	10	90
7.5	10	90

质谱条件　扫描方式为电喷雾正离子模式；检测方式为多反应监测；毛细管电压为3.2kV；萃取电压3.0V；RF透镜电压0.5V；源温为110℃；雾化温度为350℃；雾化气流速为每小时650L；锥孔气流速为每小时50L。

测定法 取供试品 1.0mL，置塑料离心管中，加甲醇 1.0mL，涡旋混匀，取 0.1mL，用 50%甲醇溶液稀释至 10.0 mL，摇匀，作为供试品溶液。必要时，可用 50%甲醇溶液进行逐级稀释。另取林可霉素对照品 10.0mg，加甲醇 10.0mL 使溶解；取适量，用 50%甲醇溶液稀释成每 1mL 中含 1μg 的溶液，作为对照品溶液。取供试品溶液和对照品溶液各 10μL 注入液相色谱—串联质谱仪，记录特征离子质量色谱图。

3 结果判定

3.1 试剂空白和供试品空白不出现与对照品溶液相同的特征离子峰。

3.2 特征离子色谱峰的信噪比都在 3∶1 以上，信噪比以峰对峰计算。

3.3 供试品溶液色谱图中如出现与林可霉素对照品保留时间一致的峰（差异小于等于±2.5%），定性离子对与对照品一致（表 2），特征离子丰度比与对照品溶液的一致（偏差符合表 3 要求），计算供试品中林可霉素的浓度，如大于等于 1mg/L，判定为检出林可霉素。

表 2 定性、定量离子对及参考锥孔电压和碰撞能量

目标化合物	定性离子对/(m/z)	定量离子对/(m/z)	锥孔电压/V	碰撞能量/eV
林可霉素	407.4 > 125.9	407.4 > 125.9	40	30
	407.4 > 359.3			20

表 3 特征离子丰度比的允许偏差范围

相对丰度/%	允许偏差/%
>50	±20
>20~50	±25
>10~20	±30
≤10	±50

4 检测限

本方法检测限均为 1mg/L（图 1）。

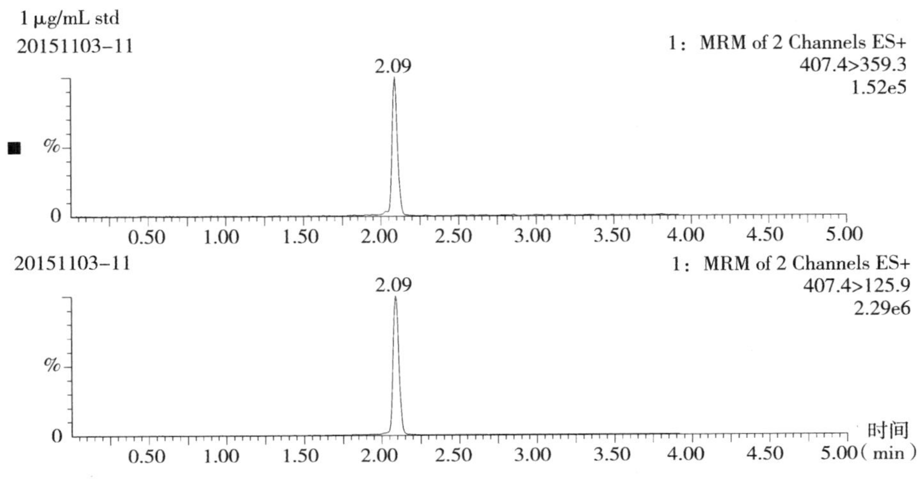

图1　林可霉素对照溶液得到的特征离子质量色谱图

鱼腥草注射液中非法添加
水杨酸、氧氟沙星检查方法

1　适用范围

1.1　本方法适用于鱼腥草注射液中非法添加水杨酸、氧氟沙星的检查。

1.2　用于其他兽药制剂中非法添加水杨酸、氧氟沙星检查时，需进行空白试验和检测限测定。

2　检查方法

照高效液相色谱法（《中国兽药典》一部附录0512）测定。

色谱条件与系统适用性试验　用十八烷基硅烷键合硅胶为填充剂；以磷酸二氢钠溶液（取磷酸二氢钠3.0g，加水1 000mL使溶解，加三乙胺0.5mL，用氢氧化钠饱和溶液调节pH值至7.0）为流动相A，甲醇为流动相B，按表1进行梯度洗脱；二极管阵列检测器，采集波长范围为210～400nm，分辨率为1.2nm；记录293nm波长处的色谱图。供试品溶液中水杨酸、氧氟沙星色谱峰与相邻色谱峰分离度应符合要求。

表 1　梯度洗脱条件

时间/min	流动相 A/%	流动相 B/%
0	70	30
8	70	30
9	40	60
16	40	60
17	70	30
22	70	30

测定法　取供试品 1.0mL，置 50mL 量瓶中，加甲醇稀释至刻度，摇匀；取 1.0mL，置 10mL 量瓶中，加甲醇稀释至刻度，作为供试品溶液。取水杨酸对照品、氧氟沙星对照品适量，分别加甲醇使溶解并稀释制成每 1mL 中各含 0.1mg、0.05mg 的溶液，作为对照品溶液。取供试品溶液和对照品溶液各 10μL，分别注入液相色谱仪，同时记录色谱图与光谱图。必要时，可调整供试品溶液或对照品溶液的浓度，使两者峰面积近似。通过与对照品溶液色谱图保留时间、光谱图的比对，确定供试品中是否含有水杨酸或氧氟沙星。

3　结果判定

3.1　供试品溶液色谱图中如出现与水杨酸对照品或氧氟沙星对照品保留时间一致的峰（差异小于等于±5%），且为单一物质峰；在规定的采集波长范围内，两者紫外光谱图匹配，且最大吸收波长一致（差异小于等于±2nm），判定为检出水杨酸或氧氟沙星。

3.2　供试品溶液色谱图中峰保留时间与水杨酸或氧氟沙星对照品峰相同，但峰面积小于检测限峰面积，判定为未检出水杨酸或氧氟沙星。

4　检测限

本方法检测限均为 2.5g/L。

鱼腥草注射液中非法添加庆大霉素检查方法

1　适用范围

1.1　本方法适用于鱼腥草注射液中非法添加庆大霉素的检查。

1.2　用于其他兽药制剂中非法添加庆大霉素检查时，需进行空白试验和检测限测定。

2 检查方法

照高效液相色谱法—串联质谱法（《中国兽药典》一部附录 0431 质谱法、0512 高效液相色谱法）测定。

色谱条件 用十八烷基硅烷键合硅胶为填充剂；以 0.1%甲酸乙腈溶液—0.1%甲酸水溶液（10∶90）为流动相；流速为 0.3mL/min；柱温 30℃。

质谱条件 扫描方式为电喷雾源正离子扫描；检测方式为多反应监测；毛细管电压 3.2kV；源温 110℃；雾化温度 350℃；雾化气流速为每小时 650L；锥孔气流速为每小时 50L；碰撞气为氩气。

测定法 取供试品 1.0mL，置刻度管中，加 5mmol/L 七氟丁酸酐溶液稀释至 10mL，摇匀；取 200μL，置刻度管中，加 5mmol/L 七氟丁酸酐溶液稀释至 10mL，摇匀；过 0.22μm 滤膜，即得。必要时，可用 5mmol/L 七氟丁酸酐溶液进行逐级稀释。取庆大霉素对照品适量（相当于庆大霉素 C_1 10.0mg），置 10mL 量瓶中，加水溶解并稀释至刻度，摇匀，制成 1mg/mL（以庆大霉素 C_1 计）的标准储备液，取标准储备液适量，用 5mmol/L 七氟丁酸酐溶液制成每 1mL 中约含 1μg 的溶液，作为对照品溶液。取供试品溶液和对照品溶液各 10μL 注入液相色谱—串联质谱仪，记录特征离子质量色谱图。必要时，可调整供试品溶液或对照品溶液的浓度，使两者峰面积近似。

3 结果判定

3.1 试剂空白溶液和供试品空白溶液不出现与对照品溶液相同的特征离子峰。

3.2 特征离子色谱峰的信噪比都在 3∶1 以上。

3.3 供试品溶液色谱图中如出现与相应对照品保留时间一致的峰（相对偏差小于等于±2.5%），定性离子对与对照品一致（表 1），特征离子丰度比与对照品溶液的一致（偏差符合表 2 要求），按峰面积计算供试品中庆大霉素 C_1 的浓度，如大于等于 0.15g/L，判定为检出庆大霉素。

表 1　定性、定量离子对及锥孔电压和碰撞能量

药物名称	定性离子对/(m/z)	定量离子对/(m/z)	锥孔电压/V	碰撞能量/eV
庆大霉素 C_1	478. 6 >157. 1	478. 6 >157. 1	60	22
	478. 6>322. 1		60	15

表 2　离子丰度比的最大允许偏差

相对丰度/%	>50	>20~50	>10~20	≤10
允许的最大偏差/%	±20	±25	±30	±50

4　检测限

本方法检测限为 0. 15g/L（图 1）。

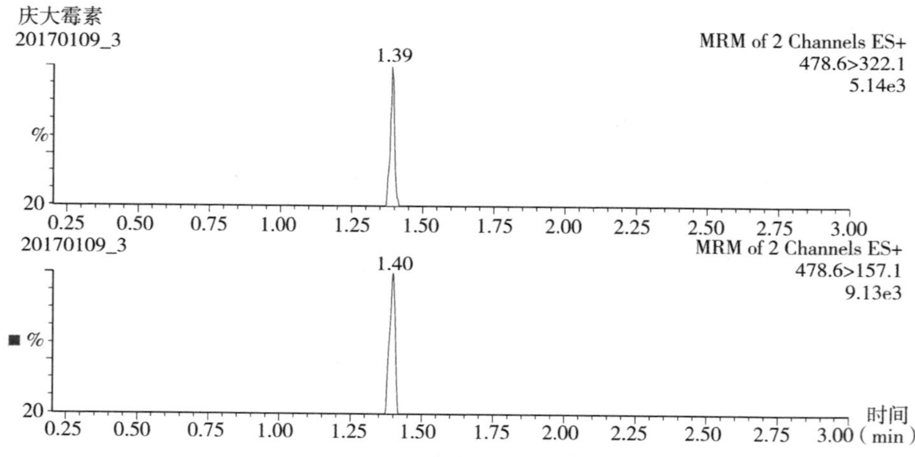

图 1　1μg/mL 庆大霉素 C_1 对照品溶液特征离子质量色谱图

扶正解毒散中非法添加茶碱、安乃近检查方法

1　适用范围

1. 1　本方法适用于扶正解毒散中非法添加茶碱、安乃近的检查。

1. 2　用于其他兽药制剂中非法添加茶碱、安乃近检查时，需进行空白试验和检测限测定。

2　检查方法

照高效液相色谱法（《中国兽药典》一部附录0512）测定。

色谱条件与系统适用性试验　用十八烷基硅烷键合硅胶为填充剂；以磷酸二氢钠溶液（取磷酸二氢钠3.0g，加1 000mL水使溶解，加三乙胺0.5mL，用氢氧化钠饱和溶液调节pH值至7.0）—甲醇（70∶30）为流动相；二极管阵列检测器，采集波长范围为210~400nm，分辨率为1.2nm；记录270nm波长处的色谱图。供试品溶液中茶碱、安乃近色谱峰与相邻色谱峰分离度应符合要求。

测定法　取供试品2.0g，置具塞锥形瓶中，加甲醇50mL，超声处理15min，静置，滤过；取续滤液2.0mL，置50mL量瓶中，加甲醇稀释至刻度，摇匀，作为供试品溶液。取茶碱对照品、安乃近对照品适量，分别加甲醇制成每1mL中各含25μg和100μg的溶液，作为对照品溶液。取供试品溶液和对照品溶液各10μL，分别注入液相色谱仪，同时记录色谱图与光谱图。必要时，可调整供试品溶液或对照品溶液的浓度，使两者峰面积近似。通过与对照品溶液色谱图保留时间、光谱图的比对，确定供试品中是否含有茶碱或安乃近。

3　结果判定

3.1　供试品溶液色谱图中如出现与茶碱对照品或安乃近对照品保留时间一致的峰（差异小于等于±5%），且为单一物质峰；在规定的采集波长范围内，两者紫外光谱图匹配，且最大吸收波长一致（差异小于等于±2nm），判定为检出茶碱或安乃近。

3.2　供试品溶液色谱图中峰保留时间与茶碱对照品峰或安乃近对照品峰相同，但峰面积小于检测限峰面积，判定为未检出茶碱或安乃近。

4　检测限

本方法检测限为茶碱0.5g/kg，安乃近1.5g/kg。

黄连解毒散中非法添加
对乙酰氨基酚、盐酸溴己新检查方法

1　适用范围

1.1　本方法适用于黄连解毒散中非法添加对乙酰氨基酚、盐酸溴己新的

检查。

1.2　用于其他兽药制剂中非法添加对乙酰氨基酚、盐酸溴己新检查时，需进行空白试验和检测限测定。

2　检查方法

照高效液相色谱法（《中国兽药典》一部附录0512）测定。

色谱条件与系统适用性试验　用十八烷基硅烷键合硅胶为填充剂；以5%冰醋酸溶液（用三乙胺调节pH值至3.0）为流动相A，甲醇为流动相B，按表1进行梯度洗脱；二极管阵列检测器，采集波长范围为210~400nm，分辨率为1.2nm；记录248nm波长处的色谱图。供试品溶液中对乙酰氨基酚、盐酸溴己新色谱峰与相邻色谱峰分离度应符合要求。

表1　梯度洗脱条件

时间/min	流动相A/%	流动相B/%
0	70	30
5	70	30
6	30	70
20	30	70
21	70	30
25	70	30

测定法　取供试品2.0g，置具塞锥形瓶中，加甲醇50mL，超声处理15min，静置，滤过；取续滤液1.0mL，置50mL量瓶中，加流动相稀释至刻度，摇匀，作为供试品溶液。取对乙酰氨基酚对照品、盐酸溴己新对照品适量，分别加流动相制成每1mL中各含30μg、20μg的溶液，作为对照品溶液。取供试品溶液和对照品溶液各10μL，分别注入液相色谱仪，同时记录色谱图与光谱图。必要时，可调整供试品溶液或对照品溶液的浓度，使两者峰面积近似。通过与对照品溶液色谱图保留时间、光谱图的比对，确定供试品中是否含有对乙酰氨基酚或盐酸溴己新。

3　结果判定

3.1　供试品溶液色谱图中如出现与对乙酰氨基酚对照品或盐酸溴己新对

照品保留时间一致的峰（差异小于等于±5%），且为单一物质峰；在规定的采集波长范围内，两者紫外光谱图匹配，且最大吸收波长一致（差异小于等于±2nm），判定为检出对乙酰氨基酚或盐酸溴己新。

3.2　供试品溶液色谱图中峰保留时间与对乙酰氨基酚对照品峰或盐酸溴己新对照品峰相同，但峰面积小于检测限峰面积，判定为未检出对乙酰氨基酚或盐酸溴己新。

4　检测限

本方法检测限为对乙酰氨基酚 0.5g/kg，盐酸溴己新 5g/kg。

甘草颗粒中非法添加吲哚美辛检查方法

1　适用范围

1.1　本方法适用于甘草颗粒中非法添加吲哚美辛的检查。

1.2　用于其他兽药制剂中非法添加吲哚美辛检查时，需进行空白试验和检测限测定。

2　检查方法

照高效液相色谱法测定（《中国兽药典》）一部附录 0512）测定。

色谱条件与系统适用性试验　用十八烷基硅烷键合硅胶为填充剂；以乙腈—0.1mol/L 冰醋酸溶液（50：50）为流动相；采用二极管阵列检测器，采集波长范围为 200~400nm，分辨率为 1.2nm；记录 317nm 波长处的色谱图。供试品溶液中吲哚美辛色谱峰与相邻色谱峰的分离度应符合要求。

测定法　取供试品 1.0g，置具塞锥形瓶中，加甲醇 100mL，超声处理 15min，静置，滤过，取滤液 0.5mL 置具塞刻度试管中，加甲醇至 10.0mL，摇匀，作为供试品溶液。另取吲哚美辛对照品适量，加甲醇制成每 1mL 中约含 0.1mg 的溶液，作为对照品溶液。取供试品溶液和对照品溶液各 10μL 注入液相色谱仪，同时记录色谱图与光谱图。必要时，可调整供试品溶液或对照品溶液的浓度，使两者峰面积近似。通过与对照品溶液色谱图峰保留时间、光谱图的比对，确定供试品中是否含有吲哚美辛。

3　结果判定

3.1　供试品溶液色谱图中如出现与吲哚美辛对照品保留时间一致的峰

（差异小于等于±5%），且为单一物质峰；在规定的采集波长范围内，两者紫外光谱图匹配，且最大吸收波长一致（差异小于等于±2nm），判定为检出吲哚美辛。

3.2 供试品溶液色谱图中峰保留时间与吲哚美辛对照品峰相同，但峰面积小于检测限峰面积，判为未检出吲哚美辛。

4 检测限

本方法检出限为2g/kg。

（二）同类中药制剂中非法添加物测定

序号	非法添加物检测方法标准名称	兽药制剂	非法添加物	技术方法	检测品种数
03	《中药散剂中非法添加呋喃唑酮、呋喃西林、呋喃妥因检查方法》	中药散剂：止痢散、清瘟败毒散、银翘散	呋喃唑酮、呋喃西林、呋喃妥因	ME，HPLC	3
04	《中兽药散剂中非法添加氯霉素检查方法》	中兽药散剂：白头翁散、苍术香连散、银翘散	氯霉素	ME，HPLC-MS/MS	1
05	《中药散剂中非法添加乙酰甲喹、喹乙醇检查方法》	中药散剂：止痢散、健胃散、清瘟败毒散、胃肠活、肥猪散、清热散、银翘散	乙酰甲喹、喹乙醇	ME，TLC	2
07	《肥猪散、健胃散、银翘散等中药散剂中非法添加氟喹诺酮类药物（物质）检查方法》	肥猪散、健胃散、银翘散	氟喹诺酮类药物（物质）：氧氟沙星、诺氟沙星等	HPLC	类
27	《中兽药散剂中非法添加金刚烷胺和金刚乙胺检查方法》	中兽药散剂：白头翁散、苍术香连散、银翘散	金刚烷胺、金刚乙胺	HPLC-MS/MS	2
45	《麻杏石甘口服液、杨树花口服液中非法添加黄芩苷检查方法》	麻杏石甘口服液、杨树花口服液	黄芩苷	HPLC	1

中兽药散剂中非法添加呋喃唑酮、呋喃西林、呋喃妥因检查方法

1　适用范围

1.1　本方法适用于止痢散、清瘟败毒散、银翘散中非法添加呋喃唑酮、呋喃西林、呋喃妥因的检查。

1.2　用于其他兽药制剂中非法添加呋喃唑酮、呋喃西林、呋喃妥因检查时，需进行空白试验和检测限测定。

2　检查方法

2.1　显微检查法

取供试品少许，置载玻片上，滴加甘油乙醇试液 2~3 滴，搅匀，封片，置显微镜下观察。若检出如附图所示结晶物质，则用高效液相色谱法验证。

黄绿色结晶，片状，表面常附有呈正方形、长方形及不定形晶片，为呋喃唑酮的显微特征。

黄绿色结晶，不定形，常相互重叠，为呋喃西林的显微特征。

灰褐色结晶，长方形或不规则形，为呋喃妥因的显微特征。

2.2　高效液相色谱法

照高效液相色谱法（《中国兽药典》一部附录 0512）测定。

色谱条件与系统适用性试验　用十八烷基硅烷键合硅胶为填充剂；乙腈—水（28∶72）为流动相；二极管阵列检测器，采集波长范围为 200~400nm；分辨率为 1.2nm；记录 365nm 波长处的色谱图。供试品溶液中呋喃唑酮、呋喃西林、呋喃妥因色谱峰与相邻色谱峰的分离度应符合要求。

测定法　取供试品 1.0g，置具塞锥形瓶中，加入乙腈 20mL，超声处理 10~15min，静置，滤过；取续滤液 1.0mL，加乙腈稀释至 10.0mL，摇匀，作为供试品溶液。取呋喃唑酮、呋喃西林、呋喃妥因对照品适量，加乙腈分别制成每 1mL 含 0.1mg 的溶液，作为对照品溶液。取供试品溶液和对照品溶液各 1μL，分别注入液相色谱仪，同时记录色谱图与光谱图。必要时，可调整供试品溶液或对照品溶液的浓度，使两者峰面积近似。通过与对照品溶液色谱图保留时间、光谱图的比对，确定供试品中是否含有呋喃唑酮、呋喃西林或呋喃妥因。

3 结果判定

3.1 供试品溶液色谱图中如出现与相应对照品保留时间一致的峰（差异小于等于±5%），且为单一物质峰；在规定的采集波长范围内，两者紫外光谱图匹配，且最大吸收波长一致（差异小于等于±2nm），判定为检出呋喃唑酮、呋喃西林或呋喃妥因。

3.2 供试品溶液色谱图中峰保留时间与相应对照品峰相同，但峰面积小于检测限峰面积，判定为未检出呋喃唑酮、呋喃西林或呋喃妥因。

4 检测限

本方法检测限为2mg/kg。

附图：

1. 呋喃唑酮（结晶）10×40 图（黄绿色结晶，片状，表面常附有呈正方形、长方形及不定形晶片）

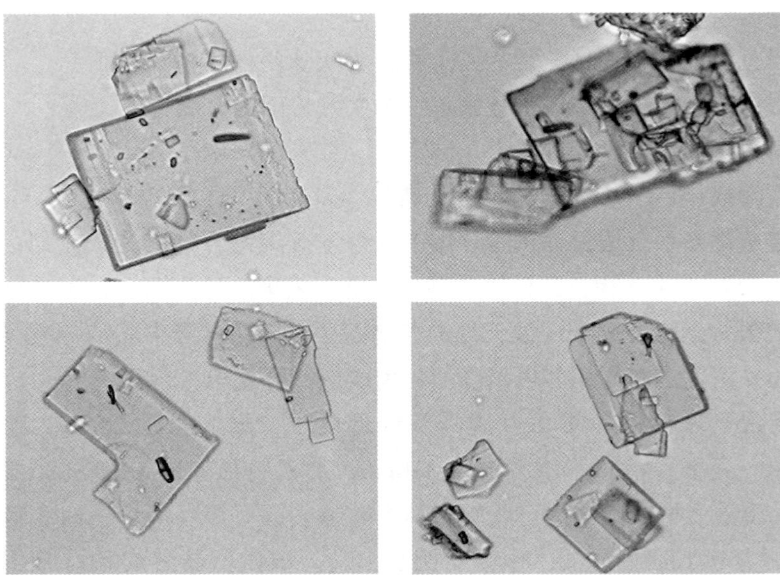

2. 呋喃西林（结晶）10×40 图（黄绿色结晶，不定形，常相互重叠）

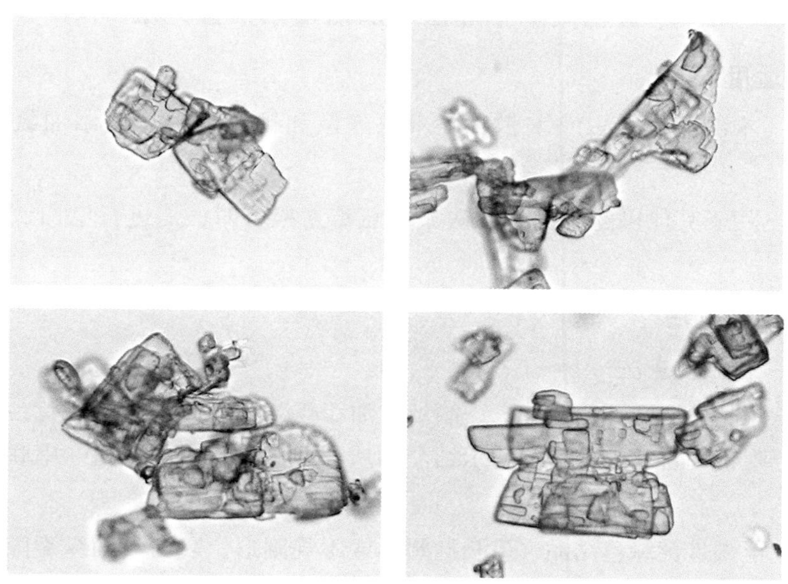

3. 呋喃妥因（结晶）10×40 图（灰褐色结晶，长方形或不规则形）

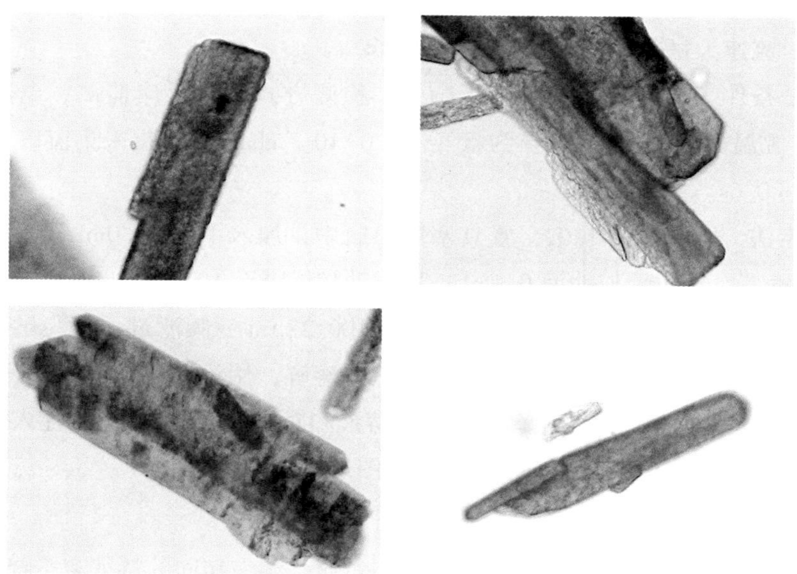

中兽药散剂中非法添加氯霉素检查方法

1 适用范围

1.1 本法适用于白头翁散、苍术香连散和银翘散中非法添加氯霉素的检查。

1.2 用于其他兽药制剂中非法添加氯霉素检查时，需进行空白试验和检测限测定。

2 检查方法

2.1 显微检查法

取供试品少许，置载玻片上，滴加甘油乙醇溶液2~3滴，搅匀，封片，置显微镜下观察。若检出如附图所示结晶物质，则用高效液相色谱—串联质谱法验证。

白色至微带黄绿色结晶，呈长椭圆形或不规则形，表面具细纵裂隙及纹理为氯霉素的显微特征。

2.2 高效液相色谱—串联质谱法

色谱条件 用十八烷基硅烷键合硅胶为填充剂；以甲醇—水（50：50）为流动相；流速为每分钟0.3mL；柱温为30℃。

质谱条件 扫描方式为负离子扫描；检测方式为多反应监测；电离电压2.8kV；源温120℃；碰撞气体为氩气（3.0×10^{-3} mbar）；数据采集窗口10min；驻留时间0.6s。

测定法 取供试品1.0g，置具塞锥形瓶中，加入甲醇20.0mL，超声处理15min，静置，滤过，取滤液0.1mL，用流动相稀释至10.0 mL；取适量用流动相稀释成每1mL约含氯霉素1ng的溶液，用0.22μm滤膜滤过，作为供试品溶液。另取氯霉素对照品适量，加甲醇适量使溶解，用流动相稀释成每1mL含1ng的溶液，作为对照品溶液。取供试品溶液和对照品溶液各20μL注入液相色谱—串联质谱仪，记录特征离子质量色谱图。

3 结果判定

3.1 试剂空白和供试品空白不出现与对照品溶液相同的特征离子峰。

3.2　特征离子色谱峰的信噪比都在3：1以上，信噪比以峰对峰计算。

3.3　供试品溶液色谱图中如出现与氯霉素对照品保留时间一致的峰（差异不大于±2.5%），定性离子对与对照品一致（表1），特征离子丰度比与对照品溶液的一致（偏差符合表2要求），计算供试品中氯霉素的浓度，如大于等于1mg/kg，判定为检出氯霉素。

表1　定性、定量离子对及参考锥孔电压和碰撞电压

<table>
<tr><th>目标化合物</th><th>定性离子对/(m/z)</th><th>定量离子对/(m/z)</th><th>锥孔电压/V</th><th>碰撞能量/eV</th></tr>
<tr><td rowspan="2">氯霉素</td><td>321>152</td><td rowspan="2">321>152</td><td>28</td><td>18</td></tr>
<tr><td>321>257</td><td>28</td><td>11</td></tr>
</table>

表2　离子丰度比的允许偏差范围

相对丰度/%	允许偏差/%
>50	±20
>20~50	±25
>10~20	±30
≤10	±50

4　检测限

本方法检测限均为1mg/kg。

附图：

氯霉素（结晶）10×40图（白色至微带黄绿色结晶，呈长椭圆形或不规则形，表面具细纵裂隙及纹理）

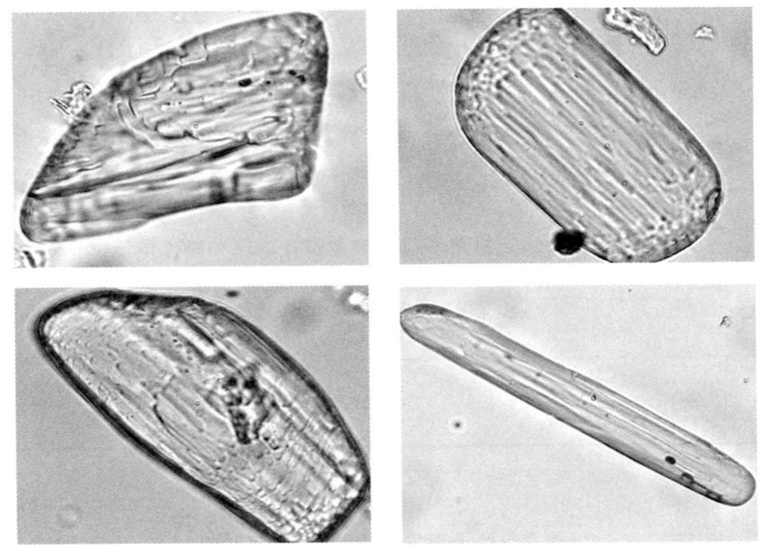

中兽药散剂中非法添加乙酰甲喹、喹乙醇检查方法

1 适用范围

1.1 本方法适用于止痢散、健胃散、清瘟败毒散、胃肠活、肥猪散、清热散、银翘散中非法添加喹乙醇、乙酰甲喹的检查。

1.2 用于其他兽药制剂中非法添加喹乙醇、乙酰甲喹检查时，需进行空白试验和检测限测定。

2 检查方法

2.1 显微检查法

取供试品少许，置载玻片上，滴加甘油乙醇溶液 2~3 滴，搅匀，封片，置显微镜下观察。若检出如附图所示结晶物质，则用高效液相色谱法验证。

淡黄绿色结晶，呈棱形、三角形或不规则形，表面有梯形、人字或不定形纹理，为喹乙醇的显微特征。

鲜黄色结晶，长短不一，呈棒状或一端或两端呈梭形，表面有暗绿色纵裂纹或裂缝，为乙酰甲喹的显微特征。

2.2　薄层色谱法

取供试品 1.0g，置具塞锥形瓶中，加入约 50℃的乙醇溶液（1→5）10mL，超声处理 5min，滤过，取续滤液作为供试品溶液。另取喹乙醇、乙酰甲喹对照品适量，加入约 50℃的乙醇溶液（1→5）适量分别制成每 1mL 含 1mg 的溶液，作为对照品溶液。照薄层色谱法（《中国兽药典》一部附录 0502）试验，吸取供试品溶液 5μL，喹乙醇、乙酰甲喹对照品溶液各 1μL 分别点于同一硅胶 GF_{254}薄层板上。以乙酸乙酯—丙酮—乙醇（60∶40∶5）为展开剂，展开，取出，晾干，置紫外光灯（254nm）下检视。供试品色谱中，在与喹乙醇、乙酰甲喹对照品色谱相应的位置上，不得显相同颜色的斑点。若出现相同颜色的斑点，则用高效液相色谱法验证。

2.3　高效液相色谱法

照高效液相色谱法（《中国兽药典》一部附录 0512）测定。

色谱条件与系统适用性试验　用十八烷基硅烷键合硅胶为填充剂；以乙腈—0.01mol/L 磷酸二氢钾溶液（1∶9）（用三乙醇胺调节 pH 值至 6.0）为流动相（可调节流动相比例，使喹乙醇峰保留时间约为 5min）；二极管阵列检测器，采集波长范围为 200~400nm，分辨率为 1.2nm；记录 365nm 波长处的色谱图。供试品溶液中喹乙醇、乙酰甲喹色谱峰与相邻色谱峰的分离度应符合要求。

测定法　取供试品 1.0g，置具塞锥形瓶中，加入 90%乙腈 20mL，超声处理 15 分钟，静置，过滤；取续滤液 1.0mL，加流动相至 10.0mL，摇匀，作为供试品溶液。取喹乙醇、乙酰甲喹对照品各 10.0mg，分别加 90%乙腈 20mL 使溶解；取 1.0mL，加流动相至 10.0mL，作为对照品溶液。取供试品溶液和对照品溶液各 10μL，分别注入液相色谱仪，同时记录色谱图与光谱图。必要时，可调整供试品溶液或对照品溶液的浓度，使两者峰面积近似。通过与对照品溶液色谱图保留时间、光谱图的比对，确定供试品中是否含有喹乙醇、乙酰甲喹。

3　结果判定

3.1　供试品溶液色谱图中如出现与相应对照品保留时间一致的峰（差异小于等于±5%），且为单一物质峰；在规定的采集波长范围内，两者紫外光谱图匹配，且最大吸收波长一致（差异小于等于±2nm），判定为检出喹乙醇或乙酰甲喹。

3.2 供试品溶液色谱图中峰保留时间与相应对照品峰相同，但峰面积小于检测限峰面积，判定为未检出喹乙醇或乙酰甲喹。

4 检测限

本方法检测限为50mg/kg。

附图：

1. 喹乙醇（结晶）10×40 图（淡黄绿色结晶，棱形、三角形或不规则形，表面有梯形、人字或不定形纹理）

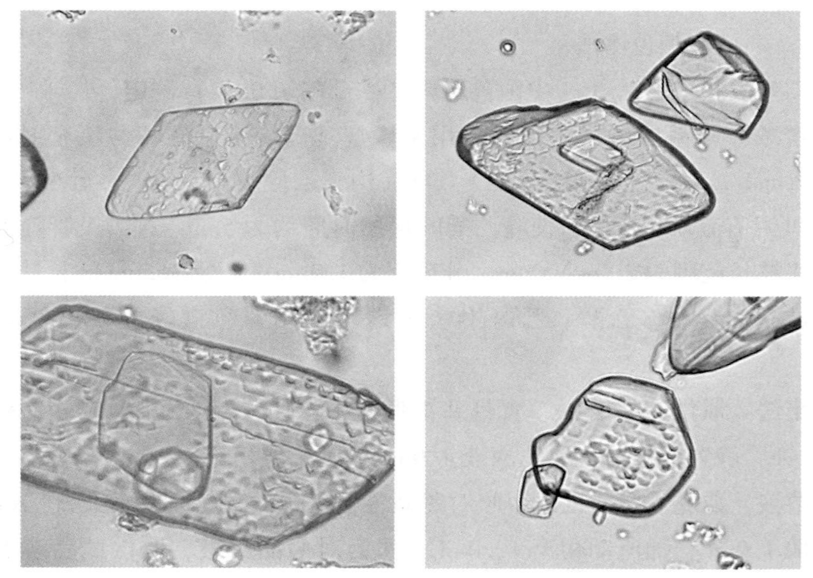

2. 乙酰甲喹（结晶）10×40 图（鲜黄色结晶，长短不一，呈棒状或一端或两端呈梭形，表面有暗绿色纵裂纹或裂缝）

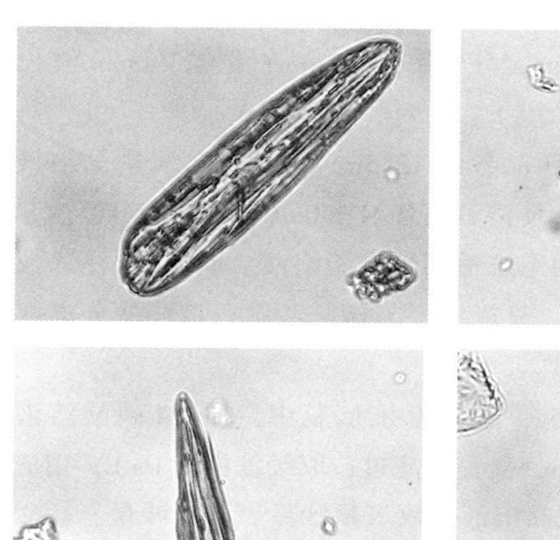

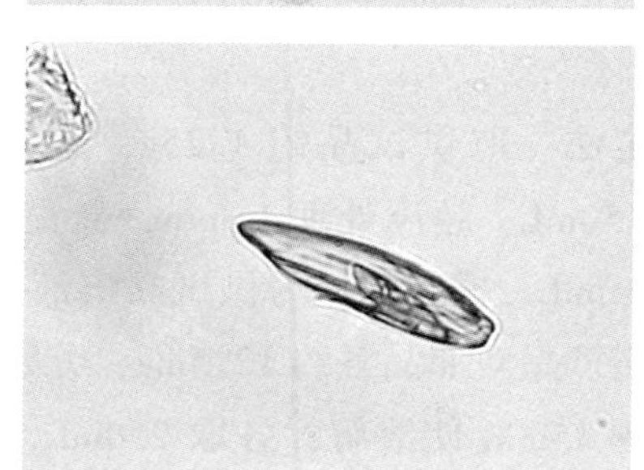

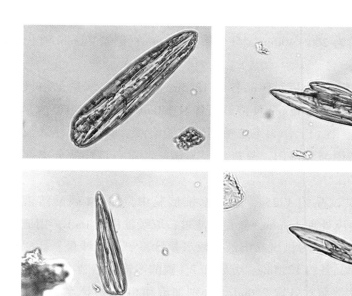

肥猪散、健胃散、银翘散等中药散剂中非法添加氟喹诺酮类药物（物质）检查方法

1　适用范围

1.1　本方法适用于肥猪散、健胃散、银翘散中非法添加氟喹诺酮类药物（物质）的检查。

1.2　用于其他兽药制剂中非法添加氟喹诺酮类药物（物质）检查时，需进行空白试验和检测限测定。

2　检查方法

照高效液相色谱法（《中国兽药典》一部附录0512）测定。

色谱条件与系统适用性试验　用十八烷基硅烷键合硅胶为填充剂（Waters Atlantis T3）；以磷酸溶液—乙腈（取磷酸3.0mL加水至1 000mL，用三乙胺调节pH值至3.0±0.1，加乙腈53mL，摇匀）为流动相A，乙腈为流动相B，甲醇为流动相C，按A：B：C为85.5：7.0：7.5进行洗脱（可调节流动相B和流动相 C 比例，使氧氟沙星与诺氟沙星峰分离度符合规定）；二极管阵列检测器，采集波长范围为 200~400nm，分辨率为 1.2nm；记录 283nm 波长处的色谱图。

取氧氟沙星、诺氟沙星对照品各约 12.5mg，分别加 2%磷酸溶液—乙腈（1∶1）50mL，超声处理 15min 使溶解，各取 2.0mL，置同一容器内，加流动相 A 稀释至 10mL，摇匀，作为系统适用性试验溶液。取 10μL 注入液相色谱仪，同时记录色谱图与光谱图。氧氟沙星与诺氟沙星色谱峰的分离度应符合要求。

测定法 取供试品约 1.25g，置具塞锥形瓶中，加 2%磷酸溶液—乙腈（1∶1）50mL，超声处理 15min，静置，滤过；取续滤液 2.0mL，用流动相 A 稀释至 10mL，摇匀，作为供试品溶液。取氧氟沙星、诺氟沙星、盐酸环丙沙星、恩诺沙星对照品各约 12.5mg，分别加 2%磷酸溶液—乙腈（1∶1）50mL，超声处理 15min 使溶解；各取 2.0mL，分别加流动相 A 稀释至 10mL，摇匀，作为对照品溶液。取供试品溶液和对照品溶液各 10μL，分别注入液相色谱仪，同时记录色谱图与光谱图。必要时，可调整供试品溶液或对照品溶液的浓度，使两者峰面积近似。通过与对照品溶液色谱图保留时间、光谱图的比对，确定供试品中是否含有氧氟沙星、诺氟沙星、环丙沙星或恩诺沙星。

3 结果判定

3.1 供试品溶液色谱图中如出现与相应对照品保留时间一致的峰（差异小于等于±5%），且为单一物质峰；在规定的采集波长范围内，两者紫外光谱图匹配，且最大吸收波长一致（差异小于等于±2nm），判定为检出氧氟沙星、诺氟沙星、环丙沙星或恩诺沙星。

3.2 供试品溶液色谱图中峰保留时间与相应对照品峰相同，但峰面积小于检测限峰面积，判定为未检出氧氟沙星、诺氟沙星、环丙沙星或恩诺沙星。

4 检测限

本方法检测限为 200mg/kg。

中兽药散剂中非法添加金刚烷胺和金刚乙胺检查方法

1 适用范围

1.1 本方法适用于白头翁散、苍术香连散和银翘散中非法添加金刚烷胺和金刚乙胺的检查。

1.2 用于其他兽药制剂中非法添加金刚烷胺和金刚乙胺检查时，需进行空白试验和检测限测定。

2 检查方法（高效液相色谱—串联质谱法）

色谱条件 用十八烷基硅烷键合硅胶为填充剂；以0.1%甲酸乙腈溶液为流动相A，0.1%甲酸水溶液为流动相B，按表1进行梯度洗脱；流速为每分钟0.3mL；柱温为30℃。

表1 梯度洗脱条件

时间/min	流动相A/%	流动相B/%
0	10	90
1.0	10	90
5.0	90	10
5.1	10	90
6.5	10	90

质谱条件 扫描方式为电喷雾正离子模式；检测方式为多反应监测；毛细管电压为3.0kV；源温为110℃；雾化温度为350℃；雾化气流速为每小时650L；锥孔气流速为每小时50L；数据采集窗口5min。

测定法 取供试品1.0g，置具塞锥形瓶中，加乙腈20.0mL，超声处理15min，静置，滤过，取续滤液0.1mL，用20%乙腈溶液稀释至10.0 mL；取适量，加20%乙腈溶液稀释成每1mL含金刚烷胺和金刚乙胺各约1ng的溶液，作为供试品溶液。另取金刚烷胺和金刚乙胺对照品适量，加乙腈适量使溶解，用20%乙腈溶液稀释成每1mL含金刚烷胺和金刚乙胺各约1ng的溶液，作为对照品溶液。取供试品溶液和对照品溶液各10μL注入液相色谱—串联质谱仪，记录特征离子质量色谱图。

3 结果判定

3.1 试剂空白和样品空白不出现与对照品溶液相同的特征离子峰。

3.2 特征离子色谱峰的信噪比都在3：1以上，信噪比以峰对峰计算。

3.3 供试品溶液色谱图中如出现与金刚烷胺和金刚乙胺对照品保留时间一致的峰（差异小于等于±2.5%），定性离子对与对照品一致（表2），特征离子丰度比与对照品溶液的一致（偏差符合表3要求），计算供试品中金刚烷胺、金刚乙胺的浓度，如大于等于1mg/kg或1mg/L，判定为检出金刚烷胺或金刚乙胺。

表2 定性、定量离子对及参考锥孔电压和碰撞能量

目标化合物	定性离子对/(m/z)	定量离子对/(m/z)	锥孔电压/V	碰撞能量/eV
金刚烷胺	151.7>92.5	151.7>134.7	30	25
	151.7>134.7			15
金刚乙胺	180.1>106.8	180.1>162.9	20	25
	180.1>162.9			15

表3 特征离子丰度比的允许偏差范围

相对丰度/%	允许偏差/%
>50	±20
>20~50	±25
>10~20	±30
≤10	±50

4 检测限

本方法检测限均为1mg/kg或1mg/L。

麻杏石甘口服液、杨树花口服液中非法添加黄芩苷检查方法

1　适用范围

1.1　本方法适用于麻杏石甘口服液、杨树花口服液中非法添加黄芩苷的检查。

1.2　用于其他兽药制剂中非法添加黄芩苷检查时，需进行空白试验和检测限测定。

2　检查方法

照高效液相色谱法（《中国兽药典》二部附录0512）测定。

色谱条件与系统适用性试验　用十八烷基硅烷键合硅胶为填充剂；以甲醇—水—磷酸（45：55：0.2）为流动相，二极管阵列检测器，采集波长范围为210~400nm，分辨率为1.2nm；记录278nm波长处的色谱图。供试品溶液中黄芩苷色谱峰和相邻色谱峰的分离度应符合要求。

测定法　取供试品1.0mL，置100mL量瓶中，加50%甲醇溶液稀释至刻度，摇匀，作为供试品溶液。另取黄芩苷对照品适量，加甲醇溶解并稀释制成每1mL中约含0.1mg的溶液，作为对照品溶液。取供试品溶液和对照品溶液各10μL注入液相色谱仪，同时记录色谱图与光谱图。通过与对照品色谱图保留时间、光谱图的比对，确定供试品中是否含有黄芩苷。

3　结果判定

3.1　供试品溶液色谱图中如出现与黄芩苷对照品峰保留时间一致的色谱峰（差异小于等于±5%），且为单一物质峰；在规定的采集波长范围内，两者紫外光谱图匹配，且最大吸收波长一致（差异小于等于±2nm），判定为检出黄芩苷。

3.2　供试品溶液色谱图中如出现与黄芩苷对照品保留时间一致的色谱峰，但峰面积小于检测限峰面积，判定为未检出黄芩苷。

4　检测限

本方法检测限为50mg/L。

（三）单一品种化药制剂中的非法添加物测定

序号	非法添加物检测方法标准名称	兽药制剂	非法添加物	技术方法	检测品种数
01	《硫酸卡那霉素注射液中非法添加尼可刹米检查方法》	硫酸卡那霉素注射液	尼可刹米	HPLC	1
02	《恩诺沙星注射液中非法添加双氯芬酸钠检查方法》	恩诺沙星注射液	双氯芬酸钠	HPLC	1
09	《氟苯尼考粉和氟苯尼考预混剂中非法添加氧氟沙星、诺氟沙星、环丙沙星、恩诺沙星检查方法》	氟苯尼考粉、氟苯尼考预混剂	氧氟沙星、诺氟沙星、环丙沙星、恩诺沙星	HPLC	4
10	《氟苯尼考制剂中非法添加磺胺二甲嘧啶、磺胺间甲氧嘧啶检查方法》	氟苯尼考制剂：氟苯尼考可溶性粉、氟苯尼考粉、氟苯尼考预混剂、氟苯尼考溶液、氟苯尼考注射液	磺胺二甲嘧啶、磺胺间甲氧嘧啶	HPLC	2
14	《氟苯尼考制剂中非法添加烟酰胺、氨茶碱检查方法》	氟苯尼考制剂：氟苯尼考粉、氟苯尼考可溶性粉、氟苯尼考预混剂	烟酰胺、氨茶碱	HPLC	2
17	《氟苯尼考固体制剂中非法添加β-受体激动剂检查方法》	氟苯尼考固体制剂：氟苯尼考粉、可溶性粉、预混剂	β-受体激动剂：克伦特罗、莱克多巴胺、沙丁胺醇、西马特罗、西布特罗、妥布特罗、马布特罗、特布他林、氯丙那林	HPLC-MS/MS	9
20	《氟苯尼考液体制剂中非法添加β-受体激动剂检查方法》	氟苯尼考液体制剂：氟苯尼考注射液、溶液	β-受体激动剂：克伦特罗、莱克多巴胺、沙丁胺醇、西马特罗、西布特罗、妥布特罗、马布特罗、特布他林、氯丙那林	HPLC-MS/MS	9
11	《乳酸环丙沙星注射液中非法添加对乙酰氨基酚检查方法》	乳酸环丙沙星注射液	对乙酰氨基酚	HPLC	1
12	《阿莫西林可溶性粉中非法添加解热镇痛类药物检查方法》	阿莫西林可溶性粉	解热镇痛类药物：对乙酰氨基酚、安替比林、氨基比林、安乃近、萘普生	HPLC	5

（续表）

序号	非法添加物检测方法标准名称	兽药制剂	非法添加物	技术方法	检测品种数
13	《注射用青霉素钾（钠）中非法添加解热镇痛类药物检查方法》	注射用青霉素钾（钠）	解热镇痛类药物：安乃近、对乙酰氨基酚、氨基比林、安替比林	HPLC	4
16	《硫酸庆大霉素注射液中非法添加甲氧苄啶检查方法》	硫酸庆大霉素注射液	甲氧苄啶	HPLC	1
18	《盐酸林可霉素制剂中非法添加对乙酰氨基酚、安乃近检查方法》	盐酸林可霉素制剂：盐酸林可霉素可溶性粉、注射液	乙酰氨基酚、安乃近	HPLC	2
30	《酒石酸泰乐菌素可溶性粉中非法添加茶碱检查方法》	酒石酸泰乐菌素可溶性粉	茶碱	HPLC	1
31	《硫酸安普霉素可溶性粉中非法添加诺氟沙星检查方法》	硫酸安普霉素可溶性粉	诺氟沙星	HPLC	1
33	《硫酸安普霉素可溶性粉中非法添加头孢噻肟检查方法》	硫酸安普霉素可溶性粉	头孢噻肟	HPLC	1
32	《硫酸黏菌素预混剂中非法添加乙酰甲喹检查方法》	硫酸黏菌素预混剂	乙酰甲喹	HPLC	1
34	《阿维拉霉素预混剂中非法添加莫能菌素检查方法》	阿维拉霉素预混剂	莫能菌素	HPLC-MS I MS	1
43	《兽药中非法添加非泼罗尼检查方法》	阿维菌素粉	非泼罗尼	HPLC	1

硫酸卡那霉素注射液中非法添加尼可刹米检查方法

1　适用范围

1.1　本方法适用于硫酸卡那霉素注射液中非法添加尼可刹米的检查。

1.2　用于其他兽药制剂中非法添加尼可刹米检查时，需进行空白试验和检测限测定。

2 检查方法

照高效液相色谱法（《中国兽药典》2010 年版一部附录 36 页）测定。

色谱条件与系统适用性试验 用十八烷基硅烷键合硅胶为填充剂；以甲醇—水（30∶70）为流动相；二极管阵列检测器，采集波长范围为 210～400nm，分辨率为 1.2nm；记录 263nm 波长处的色谱图。供试品溶液中尼可刹米色谱峰与相邻色谱峰分离度应符合要求。

测定法 取供试品 1.0mL，置 100mL 量瓶中，加水稀释至刻度，摇匀；取 1.0mL，置 10mL 量瓶中，加流动相稀释至刻度，作为供试品溶液；取尼可刹米对照品适量，加水使溶解并稀释制成每 1mL 中含 0.5mg 的溶液；取 1.0mL，置 10mL 量瓶中，加流动相稀释至刻度，作为对照品溶液。取供试品溶液和对照品溶液各 10μL 注入液相色谱仪，同时记录色谱图与光谱图。必要时，可调整供试品溶液或对照品溶液的浓度，使两者峰面积近似。通过与对照品溶液色谱图保留时间、光谱图的比对，确定供试品中是否含有尼可刹米。

3 结果判定

3.1 在相同试验条件下，供试品溶液色谱图中如出现与尼可刹米对照品保留时间一致的峰（差异小于等于±5%），且为单一物质峰（纯度角度小于纯度阈值）；在规定的采集波长范围内，两者紫外光谱图匹配（匹配角度小于匹配阈值），且最大吸收波长一致（差异小于等于±2nm），判定为检出尼可刹米。

3.2 供试品溶液色谱图中峰保留时间与尼可刹米对照品峰相同，但峰面积小于检测限峰面积，判为未检出尼可刹米。

4 检测限

本方法中尼可刹米检测限为 2.5g/L。

恩诺沙星注射液中非法添加双氯芬酸钠检查方法

1 适用范围

1.1 本方法适用于恩诺沙星注射液中非法添加双氯芬酸钠的检查。

1.2　用于其他兽药制剂中非法添加双氯芬酸钠检查时，需进行空白试验和检测限测定。

2　检查方法

照高效液相色谱法（《中国兽药典》2020年版一部附录36页）测定。

色谱条件与系统适用性试验　用十八烷基硅烷键合硅胶为填充剂；以甲醇—4%冰醋酸溶液（70∶30）为流动相；柱温为30℃，采用二极管阵列检测器，采集波长范围为200~400nm，分辨率为1.2nm，记录276nm波长处的色谱图。供试品溶液中双氯芬酸钠色谱峰与相邻色谱峰分离度应符合要求。

测定法　取供试品1.0mL，用70%甲醇溶液稀释500倍，作为供试品溶液；取双氯芬酸钠对照品适量，加70%甲醇溶液使溶解并稀释制成每1mL中含0.1mg的溶液，作为对照品溶液。取供试品溶液和对照品溶液各10μL注入液相色谱仪，同时记录色谱图与光谱图。必要时，可调整供试品溶液或对照品溶液的浓度，使两者峰面积近似。通过与对照品溶液色谱图保留时间、光谱图的比对，确定供试品中是否含有双氯芬酸钠。

3　结果判定

3.1　供试品溶液色谱图中如出现色谱峰与双氯芬酸钠对照品保留时间一致峰（差异小于等于±5%），且为单一物质峰（纯度角度小于纯度阈值）；在规定的采集波长范围内，两者紫外光谱图应匹配（匹配角度小于匹配阈值），最大吸收波长一致（差异小于等于±2nm），判定为检出双氯芬酸钠。

3.2　供试品溶液色谱图中峰保留时间与双氯芬酸钠对照品峰相同，但峰面积小于检测限峰面积，判为未检出双氯芬酸钠。

4　检测限

本方法检出限为2.5g/L。

氟苯尼考粉和氟苯尼考预混剂中非法添加氧氟沙星、诺氟沙星、环丙沙星、恩诺沙星的检查方法

1　适用范围

1.1　本方法适用于氟苯尼考粉、氟苯尼考预混剂中非法添加氧氟沙星、

诺氟沙星、环丙沙星、恩诺沙星的检查。

1.2 用于其他兽药制剂中非法添加氧氟沙星、诺氟沙星、环丙沙星、恩诺沙星检查时，需进行空白试验和检测限测定。

2 检查方法

照高效液相色谱法（《中国兽药典》一部附录 0512）测定。

色谱条件与系统适用性试验 用十八烷基硅烷键合硅胶为填充剂（Waters XBridge C_{18}色谱柱或性能类似的色谱柱）；以磷酸溶液（取磷酸 3.0mL，加水至 1 000mL，用三乙胺调节 pH 值至 3.0±0.1，加乙腈 50mL）—甲醇（88：12）为流动相；流速为每分钟 1.0mL；二极管阵列检测器，采集波长范围为 200～400nm，分辨率为 1.2nm；记录 283nm 波长处的色谱图。取氧氟沙星对照品、诺氟沙星对照品、环丙沙星对照品、恩诺沙星对照品各约 25mg，分别置 50mL 量瓶中，加 2%磷酸溶液—乙腈（1：1）适量，超声处理 30min 使溶解，放冷至室温，用 2%磷酸溶液—乙腈（1：1）稀释至刻度，摇匀。各取 5.0 mL，置同一 50mL 量瓶中，用磷酸溶液（取磷酸 3.0mL，加水至 1 000mL，用三乙胺调节 pH 值至 3.0±0.1，加乙腈 50mL）稀释至刻度，摇匀，作为系统适用性试验溶液。取 10μL 注入液相色谱仪，同时记录色谱图与光谱图。氧氟沙星、诺氟沙星、环丙沙星、恩诺沙星各相邻色谱峰之间的分离度应符合要求。

测定法 取供试品 1.0g，置具塞锥形瓶中，加 2%磷酸溶液—乙腈（1：1）50mL，超声处理 15min，放冷至室温，滤过；取续滤液 5.0mL，加磷酸溶液（取磷酸 3.0mL，加水至 1 000mL，用三乙胺调节 pH 值至 3.0±0.1，加乙腈 50mL）稀释至 50mL，摇匀，作为供试品溶液。取氧氟沙星、诺氟沙星、环丙沙星、恩诺沙星对照品各约 25 mg，分别加 2%磷酸溶液—乙腈（1：1）50mL，超声处理 15min 使溶解，放冷至室温；各取 5.0mL，分别加磷酸溶液（取磷酸 3.0mL，加水至 1 000mL，用三乙胺调节 pH 值至 3.0±0.1，加乙腈 50mL）稀释至 50mL，摇匀，作为对照品溶液。取供试品溶液和对照品溶液各 10μL，分别注入液相色谱仪，同时记录色谱图与光谱图。必要时，可调整供试品溶液或对照品溶液的浓度，使两者峰面积近似。通过与对照品溶液色谱图（图 1）保留时间、光谱图（图 2）的比对，确定供试品中是否含有氧氟沙星、诺氟沙星、环丙沙星或恩诺沙星。

3　结果判定

3.1　供试品溶液色谱图中如出现与氧氟沙星、诺氟沙星、环丙沙星、恩诺沙星对照品保留时间一致的峰（差异小于等于±5%），且为单一物质峰；在规定的采集波长范围内，两者紫外光谱图匹配，且最大吸收波长一致（差异小于等于±2nm），判定为检出氧氟沙星、诺氟沙星、环丙沙星或恩诺沙星。

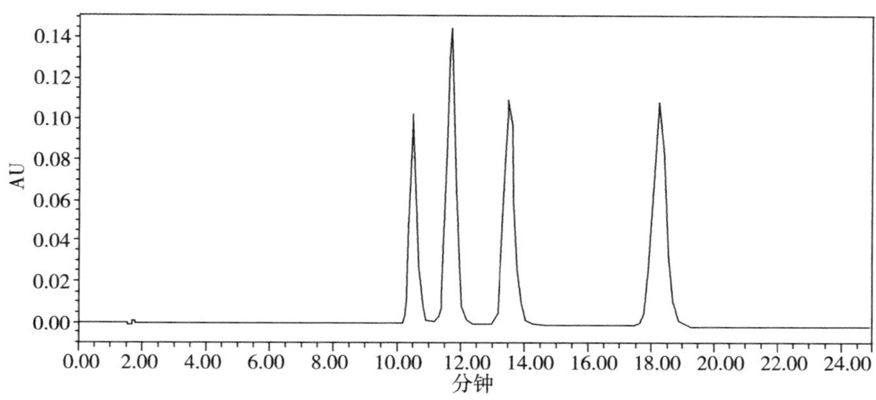

图1　氧氟沙星、诺氟沙星、环丙沙星、恩诺沙星混合标准溶液色谱图

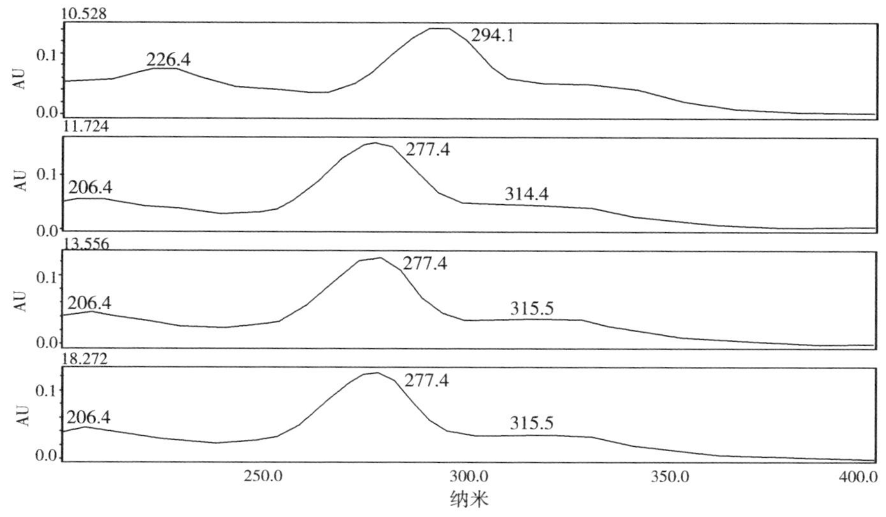

图2　氧氟沙星、诺氟沙星、环丙沙星、恩诺沙星的光谱图

3.2　供试品溶液色谱图中峰保留时间与氧氟沙星、诺氟沙星、环丙沙星、恩诺沙星对照品峰相同，但峰面积小于检测限峰面积，判定为未检出氧氟沙星、诺氟沙星、环丙沙星或恩诺沙星。

4　检测限

本方法检测限为0.5g/kg。

氟苯尼考制剂中非法添加磺胺二甲嘧啶、磺胺间甲氧嘧啶的检查方法

1　适用范围

1.1　本方法适用于氟苯尼考可溶性粉、氟苯尼考粉、氟苯尼考预混剂、氟苯尼考溶液、氟苯尼考注射液中非法添加磺胺二甲嘧啶、磺胺间甲氧嘧啶的检查。

1.2　用于其他兽药制剂中非法添加磺胺二甲嘧啶、磺胺间甲氧嘧啶检查时，需进行空白试验和检测限测定。

2　检查方法

照高效液相色谱法（《中国兽药典》一部附录0512）测定。

色谱条件与系统适用性试验　用十八烷基硅烷键合硅胶为填充剂；以乙腈—0.2%冰醋酸溶液（27∶73）为流动相；二极管阵列检测器，采集波长范围为200~400nm，分辨率为1.2nm；流速为每分钟1.0mL；记录270nm波长处的色谱图。取氟苯尼考对照品25mg、磺胺二甲嘧啶对照品50mg、磺胺间甲氧嘧啶对照品25mg，置同一容器中，加0.1mol/L氢氧化钠溶液5mL使溶解，加27%乙腈溶液稀释至50mL；取1.0mL加27%乙腈溶液稀释至10.0mL，作为系统适用性试验溶液。取10μL注入液相色谱仪，同时记录色谱图与光谱图。氟苯尼考、磺胺二甲嘧啶、磺胺间甲氧嘧啶色谱峰的分离度应符合要求。

测定法　取供试品适量，加0.1mol/L氢氧化钠溶液5mL，使溶解，用27%乙腈溶液稀释制成每1mL中约含氟苯尼考50μg的溶液，作为供试品溶液。取磺胺二甲嘧啶对照品约50mg、磺胺间甲氧嘧啶对照品约25mg，置同一容器内，加0.1mol/L氢氧化钠溶液5mL，超声处理使溶解，加27%乙腈溶液稀释至50mL；取5.0mL，加27%乙腈溶液稀释至50mL，作为对照品溶液。取供试

品溶液和对照品溶液各 10μL，分别注入液相色谱仪，同时记录色谱图与光谱图。必要时，可调整供试品溶液或对照品溶液的浓度，使两者峰面积近似。通过与对照品溶液色谱图保留时间、光谱图的比对，确定供试品中是否含有磺胺二甲嘧啶或磺胺间甲氧嘧啶。

3 结果判定

3.1 供试品溶液色谱图中如出现与磺胺二甲嘧啶、磺胺间甲氧嘧啶对照品保留时间一致的峰（差异小于等于±5%），且为单一物质峰；在规定的采集波长范围内，两者紫外光谱图匹配，且最大吸收波长一致（差异小于等于±2nm），判定为检出磺胺二甲嘧啶或磺胺间甲氧嘧啶。

3.2 供试品溶液色谱图中峰保留时间与磺胺二甲嘧啶、磺胺间甲氧嘧啶对照品峰相同，但峰面积小于检测限峰面积，判定为未检出磺胺二甲嘧啶或磺胺间甲氧嘧啶。

4 检测限

本方法检测限为磺胺二甲嘧啶、磺胺间甲氧嘧啶：0.25g/L 或 0.25g/kg。

氟苯尼考制剂中非法添加烟酰胺、氨茶碱检查方法

1 适用范围

1.1 本方法适用于氟苯尼考粉、可溶性粉及预混剂中非法添加烟酰胺、氨茶碱的检查。

1.2 用于其他兽药制剂中非法添加烟酰胺、氨茶碱检查时，需进行空白试验和检测限测定。

2 检查方法

照高效液相色谱法（《中国兽药典》一部附录 0512）测定。

色谱条件与系统适用性试验 用十八烷基硅烷键合硅胶为填充剂；以 0.1%甲酸溶液（三乙胺调节 pH 值至 3.0）为流动相 A，甲醇为流动相 B，按表 1 进行梯度洗脱；二极管阵列检测器，采集波长范围为 210~400nm，分辨率为 1.2nm；记录 261nm 波长处的色谱图。分别取氟苯尼考、甲砜霉素、烟酰胺、氨茶碱适量，加 15%甲醇溶液使溶解并稀释制成每 1mL 中各约含 50μg 的

混合溶液，摇匀，作为系统适用性试验溶液。取 20μL 注入液相色谱仪，记录色谱图，各色谱峰之间的分离度应符合要求。

表 1　梯度洗脱条件

时间/min	流动相 A/%	流动相 B/%
0	85	15
1	85	15
8	55	45
10	55	45
13	85	15
15	85	15

测定法　取供试品 1.0g，置 250mL 量瓶中，加 15%甲醇溶液约 200mL，超声处理 15min，冷却，用 15%甲醇溶液稀释至刻度，摇匀，作为供试品溶液；取烟酰胺对照品、氨茶碱对照品适量，分别加 15%甲醇溶解并稀释制成每 1mL 中各约含 0.1mg 的溶液，作为对照品溶液。取供试品溶液和对照品溶液各 20μL，分别注入液相色谱仪，同时记录色谱图与光谱图。必要时，可调整供试品溶液或对照品溶液的浓度，使两者峰面积近似。通过与对照品溶液色谱图保留时间、光谱图的比对，确定供试品中是否含有烟酰胺或氨茶碱。

3　结果判定

3.1　供试品溶液色谱图中如出现与烟酰胺对照品、氨茶碱对照品保留时间一致的峰（差异小于等于±5%），且为单一物质峰；在规定的采集波长范围内，两者紫外光谱图且匹配，最大吸收波长且一致（差异小于等于±2nm），判定为检出烟酰胺或氨茶碱。

3.2　供试品溶液色谱图中峰保留时间与烟酰胺对照品、氨茶碱对照品峰相同，但峰面积小于检测限峰面积，判定为未检出烟酰胺或氨茶碱。

4　检测限

本方法检测限均为 0.15g/kg。

氟苯尼考固体制剂中非法添加β-受体激动剂检查方法

1　适用范围

1.1　本方法适用于氟苯尼考粉、可溶性粉、预混剂中非法添加克伦特罗、莱克多巴胺、沙丁胺醇、西马特罗、西布特罗、妥布特罗、马布特罗、特布他林、氯丙那林的检查。

1.2　用于其他兽药制剂中非法添加克伦特罗、莱克多巴胺、沙丁胺醇、西马特罗、西布特罗、妥布特罗、马布特罗、特布他林、氯丙那林的检查时，需进行空白试验和检测限测定。

2　检查方法（高效液相色谱—串联质谱法）

色谱条件　用十八烷基键合硅胶为填充剂；以0.1%甲酸乙腈溶液为流动相A，0.1%甲酸溶液为流动相B，按表1进行梯度洗脱；流速为每分钟0.45mL；柱温为35℃。

表1　梯度洗脱条件

时间/min	流动相A/%	流动相B/%
0	4	96
0.5	4	96
2.5	30	70
3	90	10
4	90	10
4.01	4	96
5	4	96

质谱条件　扫描方式为电喷雾源正离子扫描；检测方式为多反应监测；电离电压3.0 kV；源温150℃；碰撞气为氩气（3.0×10^{-3}mbar）；驻留时间0.2s。

测定法　取供试品约0.5g，置50mL量瓶中，加0.1mol/L盐酸溶液—甲醇（1∶1）适量，超声处理10min，放冷，用0.1mol/L盐酸溶液—甲醇（1∶

1）稀释至刻度，摇匀。滤过，取续滤液 0.1mL，用 0.1%的甲酸溶液稀释至 10.0mL，摇匀；取 0.1mL，用 0.1%的甲酸溶液稀释至 20.0mL，摇匀，作为供试品溶液。另取克伦特罗、莱克多巴胺、沙丁胺醇、西马特罗、西布特罗、妥布特罗、马布特罗、特布他林、氯丙那林对照品适量，加甲醇适量使溶解，用 0.1%的甲酸溶液稀释制成每 1mL 中各约含 0.005μg 的混合溶液，作为对照品溶液。取供试品溶液和对照品溶液各 2μL 注入液相色谱—串联质谱仪，记录特征离子质量色谱图。

3 结果判定

3.1 试剂空白和供试品空白溶液不出现与对照品溶液相同的特征离子峰。

3.2 特征离子色谱峰的信噪比都在 3：1 以上，信噪比以峰对峰计算。

3.3 供试品溶液色谱图中如出现与相应对照品保留时间一致的峰（差异小于等于±2.5%），定性离子对与对照品一致（表 2），特征离子丰度比与对照品溶液的一致（偏差符合表 3 要求），判定为检出克伦特罗、莱克多巴胺、沙丁胺醇、西马特罗、西布特罗、妥布特罗、马布特罗、特布他林或氯丙那林。

表 2 定性、定量离子对和锥孔电压、碰撞能量

目标化合物	定性离子对/(m/z)	定量离子对/(m/z)	锥孔电压/V	碰撞能量/eV
西马特罗	220.1>143.1	220.1>160.1	17	25
	220.1>160.1			20
西布特罗	234.2>143.1	234.2>160.1	17	25
	234.2>160.1			15
克伦特罗	277.1>132.0	277.1>203.0	22	28
	277.1>203.0			15
马布特罗	311.2>217.1	311.2>237.1	17	25
	311.2>237.1			15
莱克多巴胺	302.2>107.1	302.2>164.1	20	27
	302.2>164.1			15
沙丁胺醇	240.2>148.1	240.2>148.1	20	20
	240.2>222.1			12

（续表）

目标化合物	定性离子对/（m/z）	定量离子对/（m/z）	锥孔电压/V	碰撞能量/eV
特布他林	226. 2>152. 1	226. 2>152. 1	22	16
	226. 2>125. 1			12
妥布特罗	228. 1>154. 1	228. 1>154. 1	17	15
	228. 1>172. 1			12
氯丙那林	214. 1>153. 9	214. 1>153. 9	25	18
	214. 1>118. 3			12

表 3　离子丰度比的允许偏差范围

相对丰度/%	允许偏差/%
>50	±20
>20~50	±25
>10~20	±30
≤10	±50

4　检测限

本方法检测限克均为 0. 5g/kg。

氟苯尼考液体制剂中非法添加β-受体激动剂检查方法

1　适用范围

1. 1　本方法适用于氟苯尼考注射液、溶液中非法添加克伦特罗、莱克多巴胺、沙丁胺醇、西马特罗、西布特罗、妥布特罗、马布特罗、特布他林、氯丙那林的检查。

1. 2　用于其他兽药制剂中非法添加克伦特罗、莱克多巴胺、沙丁胺醇、西马特罗、西布特罗、妥布特罗、马布特罗、特布他林、氯丙那林的检查时，需进行空白试验和检测限测定。

2　检查方法（高效液相色谱—串联质谱法）

色谱条件　用十八烷基键合硅胶为填充剂；以乙腈为流动相 A，0. 1%甲酸溶液为流动相 B，按表 1 进行梯度洗脱；流速为每分钟 0.3mL；柱温为 30℃。

表 1　梯度洗脱条件

时间/min	流动相 A/%	流动相 B/%
0	10	90
3	40	60
4	80	20
5	10	90

质谱条件　扫描方式为电喷雾源正离子扫描；检测方式为多反应监测；电离电压 2.4 kV；源温 150℃；碰撞气为氩气（3.0×10^{-3}mbar）；驻留时间 0.2s。

测定法　取供试品 0.1mL 置 10 mL 量瓶中，加 30%乙腈溶液（含 0.1%甲酸）稀释至刻度，摇匀；取 0.1mL，用 5%乙腈溶液（含 0.1%甲酸）稀释至 10.0mL；取 0.1mL，用 5%乙腈溶液（含 0.1%甲酸）稀释至 20.0mL，作为供试品溶液。另取克伦特罗、莱克多巴胺、沙丁胺醇、西马特罗、西布特罗、妥布特罗、马布特罗、特布他林、氯丙那林对照品适量，加甲醇适量使溶解，用 5%乙腈溶液（含 0.1%甲酸）稀释制成每 1mL 中各约含 0.005μg 的混合溶液，作为对照品溶液。取供试品溶液和对照品溶液各 2μL 注入液相色谱—串联质谱仪，记录特征离子质量色谱图。

3　结果判定

3.1　试剂空白溶液和供试品空白溶液不出现与对照品溶液相同的特征离子峰。

3.2　特征离子色谱峰的信噪比都在 3∶1 以上，信噪比以峰对峰计算。

3.3　供试品溶液色谱图中如出现与相应对照品保留时间一致的峰（差异小于等于±2.5%），定性离子对与对照品一致（表 2），特征离子丰度比与对照品溶液的一致（偏差符合表 3 要求），判定为检出克伦特罗、莱克多巴胺、沙丁胺醇、西马特罗、西布特罗、妥布特罗、马布特罗、特布他林或氯丙那林。

表 2　定性、定量离子对和锥孔电压、碰撞能量

目标化合物	定性离子对/（m/z）	定量离子对/（m/z）	锥孔电压/V	碰撞能量/eV
西马特罗	220. 1>143. 1	220. 1>160. 1	17	25
	220. 1>160. 1			20
西布特罗	234. 2>143. 1	234. 2>160. 1	17	25
	234. 2>160. 1			15
克伦特罗	277. 1>132. 0	277. 1>203. 0	22	28
	277. 1>203. 0			15
马布特罗	311. 2>217. 1	311. 2>237. 1	17	25
	311. 2>237. 1			15
莱克多巴胺	302. 2>107. 1	302. 2>164. 1	20	27
	302. 2>164. 1			15
沙丁胺醇	240. 2>148. 1	240. 2>148. 1	20	20
	240. 2>222. 1			12
特布他林	226. 2>152. 1	226. 2>152. 1	22	16
	226. 2>125. 1			12
妥布特罗	228. 1>154. 1	228. 1>154. 1	17	15
	228. 1>172. 1			12
氯丙那林	214. 1>153. 9	214. 1>153. 9	25	18
	214. 1>118. 3			12

表 3　离子丰度比的允许偏差范围

相对丰度/%	允许偏差/%
>50	±20
>20~50	±25
>10~20	±30
≤10	±50

4 检测限

本方法检测限均为 0.5g/L。

乳酸环丙沙星注射液中非法添加对乙酰氨基酚检查方法

1 适用范围

1.1 本方法适用于乳酸环丙沙星注射液中非法添加对乙酰氨基酚的检查。

1.2 用于其他兽药制剂中非法添加对乙酰氨基酚检查时，需进行空白试验和检测限测定。

2 检查方法

照高效液相色谱法（《中国兽药典》一部附录 0512）测定。

色谱条件与系统适用性试验 用十八烷基硅烷键合硅胶为填充剂；以磷酸盐缓冲液（磷酸二氢钠 6.0g，加水1 000mL 使溶解，加三乙胺 1mL，用氢氧化钠试液调节 pH 值至 7.0）—甲醇（70：30）为流动相；二极管阵列检测器，采集波长范围为 210~400nm，分辨率为 1.2nm；记录 244nm 波长处的色谱图。供试品溶液中对乙酰氨基酚色谱峰与相邻色谱峰分离度应符合要求。

测定法 取供试品 2.0mL，置 50mL 量瓶中，加甲醇稀释至刻度，摇匀；取 1.0mL，置 25mL 量瓶中，加甲醇稀释至刻度，摇匀，作为供试品溶液。另取对乙酰氨基酚对照品适量，加甲醇溶解并稀释制成每 1mL 中含 0.1mg 的溶液，作为对照品溶液。取供试品溶液和对照品溶液各 10μL，分别注入液相色谱仪，同时记录色谱图与光谱图。必要时，可调整供试品溶液或对照品溶液的浓度，使两者峰面积近似。通过与对照品溶液色谱图保留时间、光谱图的比对，确定供试品中是否含有对乙酰氨基酚。

3 结果判定

3.1 供试品溶液色谱图中如出现与对乙酰氨基酚对照品保留时间一致的峰（差异小于等于±5%），且为单一物质峰；在规定的采集波长范围内，两者紫外光谱图匹配，且最大吸收波长一致（差异小于等于±2nm），判定为检出对乙酰氨基酚。

3.2 供试品溶液色谱图中峰保留时间与对乙酰氨基酚对照品峰相同，但峰面积小于检测限峰面积，判定为未检出对乙酰氨基酚。

4　检测限

本方法检测限均为0.5mg/L。

阿莫西林可溶性粉中非法添加解热镇痛类药物检查方法

1　适用范围

1.1　本方法适用于阿莫西林可溶性粉中非法添加对乙酰氨基酚、安替比林、氨基比林、安乃近、萘普生的检查。

1.2　用于其他兽药制剂中非法添加对乙酰氨基酚、安替比林、氨基比林、安乃近、萘普生的检查时，需进行空白试验和检测限测定。

2　检查方法

照高效液相色谱法（《中国兽药典》一部附录0512）测定。

色谱条件与系统适用性试验　用十八烷基硅烷键合硅胶为填充剂；以磷酸氢二钠溶液（取磷酸氢二钠3.0g，加水1 000mL使溶解，用磷酸调节pH值至7.0）为流动相A，乙腈为流动相B，流速为每分钟1.0mL，按表1进行梯度洗脱（可适当调节梯度比例，使萘普生与氨基比林峰分离度大于1.0）；二极管阵列检测器，采集波长范围为190~400nm，分辨率为1.2nm；记录229nm波长处的色谱图。供试品溶液中对乙酰氨基酚、安替比林、氨基比林、安乃近、萘普生色谱峰与相邻色谱峰分离度应符合要求。

表1　梯度洗脱条件

时间/min	流动相A/%	流动相B/%
0	84	16
14	84	16
14.01	72	28
17	72	28
17.01	84	16
25	84	16

测定法 取供试品约 1.0g，置 25mL 量瓶中，加甲醇适量，超声处理 10min，放冷，加甲醇稀释至刻度，摇匀，滤过，取续滤液作为供试品溶液。取安乃近对照品约 60mg，氨基比林、安替比林、对乙酰氨基酚对照品约 25mg，萘普生对照品约 10mg，置同一 50mL 量瓶中，加甲醇溶解并稀释至刻度，摇匀；取 1.0mL，用甲醇稀释至 50mL，摇匀，作为对照品溶液（临用前配制）。取供试品溶液和对照品溶液各 10μL，分别注入液相色谱仪，同时记录色谱图与光谱图。必要时，可调整供试品溶液或对照品溶液的浓度，使两者峰面积近似。通过与对照品溶液色谱图保留时间、光谱图的比对，确定供试品中是否含有对乙酰氨基酚、安替比林、氨基比林、安乃近或萘普生。

3 结果判定

3.1 供试品溶液色谱图中如出现与相应对照品保留时间一致的峰（差异小于等于±5%），且为单一物质峰；在规定的采集波长范围内，两者紫外光谱图匹配，且最大吸收波长一致（差异小于等于±2nm），判定为检出对乙酰氨基酚、安替比林、氨基比林、安乃近或萘普生。

3.2 供试品溶液色谱图中峰保留时间与相应对照品峰相同，但峰面积小于检测限峰面积，判定为未检出对乙酰氨基酚、安替比林、氨基比林、安乃近或萘普生。

4 检测限

本方法检测限为对乙酰氨基酚、安替比林、氨基比林 0.25g/kg；安乃近 0.6g/kg；萘普生 0.1g/kg。

注射用青霉素钾（钠）中非法添加解热镇痛类药物检查方法

1 适用范围

1.1 本方法适用于注射用青霉素钾（钠）中非法添加安乃近、对乙酰氨基酚、氨基比林、安替比林的检查。

1.2 用于其他兽药制剂中非法添加安乃近、对乙酰氨基酚、氨基比林、安替比林检查时，需进行空白试验和检测限测定。

2 检查方法

照高效液相色谱法（《中国兽药典》一部附录 0512）测定。

色谱条件与系统适用性试验　用十八烷基硅烷键合硅胶为填充剂；以0.05mol/L磷酸二氢钾溶液（用磷酸调节pH值至3.5）为流动相A，甲醇为流动相B，乙腈为流动相C，按表1进行梯度洗脱；二极管阵列检测器，采集波长范围为210~400nm，分辨率为1.2nm；记录265nm波长处的色谱图。供试品溶液中安乃近、对乙酰氨基酚、氨基比林、安替比林色谱峰与相邻色谱峰分离度应符合要求。

表1　梯度洗脱条件

时间/min	流动相A/%	流动相B/%	流动相C/%
0	82	13	5
25	82	13	5
26	70	0	30
35	70	0	30
36	82	13	5
45	82	13	5

测定法　取供试品约0.25g，置50mL量瓶中，加甲醇使溶解并稀释至刻度，摇匀；取5.0mL，置25mL量瓶中，加甲醇稀释至刻度，摇匀，作为供试品溶液。取安乃近对照品约50mg，对乙酰氨基酚、氨基比林、安替比林对照品各约25mg，置同一50mL量瓶中，加甲醇使溶解并稀释至刻度，摇匀；取5.0mL，置25mL量瓶中，加甲醇稀释至刻度，摇匀，作为对照品溶液（临用前配制）。取供试品溶液和对照品溶液各10μL，分别注入液相色谱仪，同时记录色谱图与光谱图。必要时，可调整供试品溶液或对照品溶液的浓度，使两者峰面积近似。通过与对照品溶液色谱图保留时间、光谱图的比对，确定供试品中是否含有安乃近、对乙酰氨基酚、氨基比林或安替比林。对照品溶液出峰时间顺序依次为对乙酰氨基酚、氨基比林、安乃近、安替比林。

3　结果判定

3.1　供试品溶液色谱图中如出现与相应对照品保留时间一致的峰（差异小于等于±5%），且为单一物质峰；在规定的采集波长范围内，两者紫外光谱图匹配，且最大吸收波长一致（差异小于等于±2nm），判定为检出安乃近、对乙酰氨基酚、氨基比林或安替比林。

3.2　供试品溶液色谱图中峰保留时间与相应对照品峰相同，但峰面积小于检测限峰面积，判定为未检出安乃近、对乙酰氨基酚、氨基比林或安替比林。

4　检测限

本方法检测限为安乃近 8g/kg，安替比林 4g/kg，氨基比林 2g/kg，对乙酰氨基酚 1g/kg。

硫酸庆大霉素注射液中非法添加甲氧苄啶检查方法

1　适用范围

1.1　本方法适用于硫酸庆大霉素注射液中非法添加甲氧苄啶的检查。

1.2　用于其他兽药制剂中非法添加甲氧苄啶检查时，需进行空白试验和检测限测定。

2　检查方法

照高效液相色谱法（《中国兽药典》一部附录 0512）测定。

色谱条件与系统适用性试验　用十八烷基硅烷键合硅胶为填充剂；以乙腈—0.017mol/L 磷酸溶液（20：80）（按 0.1%的比例加入三乙胺）为流动相；二极管阵列检测器，采集波长范围为 200～350nm，分辨率为 1.2nm；记录 230nm 波长处的色谱图。供试品溶液中甲氧苄啶色谱峰与相邻色谱峰分离度应符合要求。

测定法　取供试品 2.0mL，置 100mL 量瓶中，加流动相稀释至刻度，摇匀；取 5.0mL，置 50mL 量瓶中，加流动相稀释至刻度，摇匀，作为供试品溶液。取甲氧苄啶对照品约 20mg，置 100mL 量瓶中，加甲醇适量，超声处理使溶解并稀释至刻度，摇匀；取 5.0mL，置 50mL 量瓶中，加流动相稀释至刻度，摇匀，作为对照品溶液。取供试品溶液和对照品溶液各 20μL，分别注入液相色谱仪，同时记录色谱图与光谱图。必要时，可调整供试品溶液或对照品溶液的浓度，使两者峰面积近似。通过与对照品溶液色谱图保留时间、光谱图的比对，确定供试品中是否含有甲氧苄啶。

3 结果判定

3.1 供试品溶液色谱图中如出现与甲氧苄啶对照品保留时间一致的峰（差异小于等于±5%），且为单一物质峰；在规定的采集波长范围内，两者紫外光谱图匹配，且最大吸收波长一致（差异小于等于±2nm），判定为检出甲氧苄啶。

3.2 供试品溶液色谱图中峰保留时间与甲氧苄啶对照品峰相同，但峰面积小于检测限峰面积，判定为未检出甲氧苄啶。

4 检测限

本方法检测限为1g/L。

盐酸林可霉素制剂中非法添加对乙酰氨基酚、安乃近检查方法

1 适用范围

1.1 本方法适用于盐酸林可霉素可溶性粉与注射液中非法添加对乙酰氨基酚、安乃近的检查。

1.2 用于其他兽药制剂中非法添加对乙酰氨基酚、安乃近检查时，需进行空白试验和检测限测定。

2 检查方法

照高效液相色谱法（《中国兽药典》一部附录0512）测定。

色谱条件与系统适用性试验 用十八烷基硅烷键合硅胶为填充剂；以磷酸二氢钠溶液（取磷酸二氢钠6.0g，加水1 000mL，加三乙胺1mL，用饱和氢氧化钠溶液调节pH值至7.0）—甲醇（70：30）为流动相；二极管阵列检测器，采集波长范围为210~400nm，分辨率为1.2nm；记录244nm波长处的色谱图。供试品溶液中对乙酰氨基酚、安乃近色谱峰与相邻色谱峰分离度应符合要求。

测定法 取供试品1.0mL或固体制剂1.0g，置50mL量瓶中，加甲醇适量，超声处理（固体制剂）5min，加甲醇稀释至刻度，摇匀；滤过（固体制剂），取滤液1.0mL，置25mL量瓶中，加甲醇稀释至刻度，摇匀，作为供试品

溶液。取对乙酰氨基酚对照品、安乃近对照品适量，加甲醇使溶解并稀释制成每 1mL 中各约含 0.1mg 的溶液，作为对照品溶液。取供试品溶液和对照品溶液各 10μL，分别注入液相色谱仪，同时记录色谱图与光谱图。必要时，可调整供试品溶液或对照品溶液的浓度，使两者峰面积近似。通过与对照品溶液色谱图保留时间、光谱图的比对，确定供试品中是否含有对乙酰氨基酚、安乃近。对照品溶液出峰顺序为对乙酰氨基酚、安乃近。

3　结果判定

3.1　供试品溶液色谱图中如出现与对乙酰氨基酚对照品、安乃近对照品保留时间一致的峰（差异小于等于±5%），且为单一物质峰；在规定的采集波长范围内，两者紫外光谱图匹配，且最大吸收波长应一致（差异小于等于±2nm），判定为检出对乙酰氨基酚或安乃近。

3.2　供试品溶液色谱图中峰保留时间与对乙酰氨基酚或安乃近对照品峰相同，但峰面积小于检测限峰面积，判定为未检出对乙酰氨基酚或安乃近。

4　检测限

本方法检测限为：对乙酰氨基酚为 10mg/kg 或 10mg/L，安乃近 0.1g/kg 或 0.1g/L。

酒石酸泰乐菌素可溶性粉中非法添加茶碱检查方法

1　适用范围

1.1　本方法适用于酒石酸泰乐菌素可溶性粉中非法添加茶碱的检查。

1.2　用于其他兽药制剂中非法添加茶碱检查时，需进行空白试验和检测限测定。

2　检查方法

照高效液相色谱法（《中国兽药典》一部附录 0512）测定。

色谱条件与系统适用性试验　用十八烷基硅烷键合硅胶为填充剂；以磷酸溶液—乙腈（取磷酸 3.0mL 加水至 1 000mL，用三乙胺调节 pH 值至 3.0±0.1，加乙腈 53mL，摇匀）为流动相 A，乙腈为流动相 B，甲醇为流动相 C，按 A：B：C 为 85.5：5.0：9.5 进行洗脱；二极管阵列检测器，采集波长范围为 200~

400nm，分辨率为 1.2nm；记录 272nm 波长处的色谱图。供试品溶液中茶碱色谱峰与相邻色谱峰分离度应符合要求。

测定法　取供试品 1.0g，置 250mL 量瓶中，加甲醇稀释至刻度，摇匀，超声 5min，静置，滤过；取续滤液 5.0mL，置 25mL 量瓶中，加甲醇稀释至刻度，摇匀，作为供试品溶液。取茶碱对照品 10mg，置 250mL 量瓶中，加甲醇溶解并稀释至刻度，摇匀，作为对照品溶液。取供试品溶液和对照品溶液各 10μL，分别注入液相色谱仪，同时记录色谱图与光谱图。必要时，可调整供试品溶液或对照品溶液的浓度，使两者峰面积近似。通过与对照品溶液色谱图保留时间、光谱图的比对，确定供试品中是否含有茶碱。

3　结果判定

3.1　供试品溶液色谱图中如出现与茶碱对照品保留时间一致的峰（差异小于等于±5%），且为单一物质峰；在规定的采集波长范围内，两者紫外光谱图匹配，且最大吸收波长一致（差异小于等于±2nm），判定为检出茶碱。

3.2　供试品溶液色谱图中峰保留时间与茶碱对照品峰相同，但峰面积小于检测限峰面积，判定为未检出茶碱。

4　检测限

本方法检测限为 0.4g/kg。

硫酸安普霉素可溶性粉中非法添加诺氟沙星检查方法

1　适用范围

1.1　本方法适用于硫酸安普霉素可溶性粉中非法添加诺氟沙星的检查。

1.2　用于其他兽药制剂中非法添加诺氟沙星检查时，需进行空白试验和检测限测定。

2　检查方法

照高效液相色谱法（《中国兽药典》一部附录 0512）测定。

色谱条件与系统适用性试验　用十八烷基硅烷键合硅胶为填充剂（Waters Atlantis T_3）；以磷酸溶液—乙腈（取磷酸 3.0mL 加水至1 000mL，用三乙胺调节 pH 值至 3.0±0.1，加乙腈 53mL，摇匀）为流动相 A，乙腈为流动相 B，甲醇为流动相C，按A：B：C为85.5：5.0：9.5进行洗脱；二极管阵列检测器，采集波长范围为200~400nm，分辨率为1.2nm；记录279nm波长处的色谱图。供试品溶液中诺氟沙星色谱峰与相邻色谱峰分离度应符合要求。

测定法 取供试品1.25g，置250mL量瓶中，加甲醇稀释至刻度，摇匀，超声5min，静置，滤过；取续滤液5.0mL，置10mL量瓶中，加甲醇稀释至刻度，摇匀，作为供试品溶液。取诺氟沙星对照品12.5mg，置250mL量瓶中，加甲醇溶解并稀释至刻度，摇匀，作为对照品溶液。取供试品溶液和对照品溶液各10μL，分别注入液相色谱仪，同时记录色谱图与光谱图。必要时，可调整供试品溶液或对照品溶液的浓度，使两者峰面积近似。通过与对照品溶液色谱图保留时间、光谱图的比对，确定供试品中是否含有诺氟沙星。

3 结果判定

3.1 供试品溶液色谱图中如出现与诺氟沙星对照品保留时间一致的峰（差异小于等于±5%），且为单一物质峰；在规定的采集波长范围内，两者紫外光谱图匹配，且最大吸收波长一致（差异小于等于±2nm），判定为检出诺氟沙星。

3.2 供试品溶液色谱图中峰保留时间与诺氟沙星对照品峰相同，但峰面积小于检测限峰面积，判定为未检出诺氟沙星。

4 检测限

本方法检测限为0.8g/kg。

硫酸安普霉素可溶性粉中非法添加头孢噻肟检查方法

1 适用范围

1.1 本方法适用于硫酸安普霉素可溶性粉中非法添加头孢噻肟的检查。

1.2 用于其他兽药制剂中非法添加头孢噻肟检查时，需进行空白试验和检测限测定。

2 检查方法

照高效液相色谱法（《中国兽药典》一部附录0512）测定。

色谱条件与系统适用性试验 用十八烷基硅烷键合硅胶为填充剂（Waters

Atlantis T_3)；以磷酸溶液—乙腈（取磷酸 3.0mL 加水至 1 000mL，用三乙胺调节 pH 值至 3.0±0.1，加乙腈 53mL，摇匀）为流动相 A，乙腈为流动相 B，甲醇为流动相 C，按 A：B：C 为 85.5：5.0：9.5 进行洗脱；二极管阵列检测器，采集波长范围为 200~400nm，分辨率为 1.2nm；记录 259nm 波长处的色谱图。供试品溶液中头孢噻肟色谱峰与相邻色谱峰分离度应符合要求。

测定法 取供试品 1.25g，置 250mL 量瓶中，加甲醇稀释至刻度，摇匀，超声处理 5min，静置，滤过；取续滤液 2.0mL，加甲醇 6.0mL，摇匀，作为供试品溶液。取头孢噻肟对照品适量，加甲醇制成每 1mL 中含 50μg 的溶液，作为对照品溶液。取供试品溶液和对照品溶液各 10μL，分别注入液相色谱仪，同时记录色谱图与光谱图。必要时，可调整供试品溶液或对照品溶液的浓度，使两者峰面积近似。通过与对照品溶液色谱图保留时间、光谱图的比对，确定供试品中是否含有头孢噻肟。

3 结果判定

3.1 供试品溶液色谱图中如出现与头孢噻肟对照品保留时间一致的峰（差异小于等于±5%），且为单一物质峰；在规定的采集波长范围内，两者紫外光谱图匹配，且最大吸收波长一致（差异小于等于±2nm），判定为检出头孢噻肟。

3.2 供试品溶液色谱图中峰保留时间与头孢噻肟对照品峰相同，但峰面积小于检测限峰面积，判定为未检出头孢噻肟。

4 检测限

本方法检测限为 6.4g/kg。

硫酸黏菌素预混剂中非法添加乙酰甲喹检查方法

1 适用范围

1.1 本方法适用于硫酸黏菌素预混剂中非法添加乙酰甲喹的检查。

1.2 用于其他兽药制剂中非法添加乙酰甲喹检查时，需进行空白试验和检测限测定。

2 检查方法

照高效液相色谱法（《中国兽药典》一部附录 0512）测定。

色谱条件与系统适用性试验　用十八烷基硅烷键合硅胶为填充剂；以磷酸盐缓冲液（取磷酸二氢钠 3.0g，加水 1 000mL 使溶解，加三乙胺 0.5mL，用饱和氢氧化钠溶液调节 pH 值至 7.0）—甲醇（70∶30）为流动相；二极管阵列检测器，采集波长范围为 200～400nm，分辨率为 1.2nm；记录 376nm 波长处的色谱图。供试品溶液中乙酰甲喹色谱峰与相邻色谱峰分离度应符合要求。

测定法　取供试品 1.0g，置 100mL 量瓶中，加甲醇稀释至刻度，摇匀，超声 5min，静置，滤过；取续滤液 5.0mL，置 50mL 量瓶中，加甲醇稀释至刻度，摇匀，作为供试品溶液。取乙酰甲喹对照品 10mg，置 100mL 量瓶中，加甲醇溶解并稀释至刻度，摇匀，作为对照品溶液。取供试品溶液和对照品溶液各 10μL，分别注入液相色谱仪，同时记录色谱图与光谱图。必要时，可调整供试品溶液或对照品溶液的浓度，使两者峰面积近似。通过与对照品溶液色谱图保留时间、光谱图的比对，确定供试品中是否含有乙酰甲喹。

3　结果判定

3.1　供试品溶液色谱图中如出现与乙酰甲喹对照品保留时间一致的峰（差异小于等于±5%），且为单一物质峰；在规定的采集波长范围内，两者紫外光谱图匹配，且最大吸收波长一致（差异小于等于±2nm），判定为检出乙酰甲喹。

3.2　供试品溶液色谱图中峰保留时间与乙酰甲喹对照品峰相同，但峰面积小于检测限峰面积，判定为未检出乙酰甲喹。

4　检测限

本方法检测限为 0.4g/kg。

阿维拉霉素预混剂中非法添加莫能菌素检查方法

1　适用范围

1.1　本方法适用于阿维拉霉素预混剂中非法添加莫能菌素的检查。

1.2　用于其他兽药制剂中非法添加莫能菌素检查时，需进行空白试验和检测限侧定。

2　检查方法

照高效液相色谱法—串联质谱法（《中国兽药典》2010 年版一部附录

36 页、110 页）测定。

色谱条件 用十八烷基硅烷键合硅胶为填充剂；以 0.1% 甲酸乙腈溶液—水（90∶10）为流动相 A，乙腈为流动相 B；按表 1 进行梯度洗脱；流速为 0.4mL/min；柱温 30℃。

表 1 梯度洗脱条件

时间/min	流速/（mL/min）	A 相/%	B 相/%	梯度程序
0	0.4	100	0	1
3.5	0.4	100	0	6
4.5	0.4	0	100	1
6.0	0.4	100	0	1

质谱条件 扫描方式为电喷雾源正离子扫描；检测方式为多反应监测；毛细管电压 3.0kV；源温 110℃；雾化温度 350℃；雾化气流速为每小时 650L；锥孔气流速为每小时 50L；碰撞气体为氩气。

测定法 取供试品 0.1g，置锥形瓶中，加乙腈 100mL，超声处理 15min，放冷，滤过；取续滤液，用流动相 A 稀释 1 000倍，摇匀，作为供试品溶液。取莫能菌素对照品 10.0mg，置 10mL 量瓶中，用乙腈溶解并稀释至刻度，摇匀，作为标准储备液；取适量，用流动相 A 稀释制成每 1mL 中含 0.1μg 的溶液，作为对照品溶液。取供试品溶液和对照品溶液各 10μL 注入液相色谱—串联质谱仪，记录特征离子质量色谱图。必要时，可用流动相 A 逐级稀释供试品溶液，使其与对照品溶液峰面积近似。

3 结果判定

3.1 试剂空白溶液和供试品空白溶液不出现与对照品溶液相同的特征离子峰。

3.2 特征离子色谱峰的信噪比都在 3∶1 以上，信噪比以峰对峰计算。

3.3 供试品溶液色谱图中如出现与对照品保留时间一致的峰（差异小于等于±2.5%），定性离子对与对照品一致（表 2），特征离子丰度比与对照品溶液的一致（偏差符合表 3 要求），计算供试品中莫能菌素的浓度，如大于等于

5.0g/kg，判定为检出莫能菌素。

表 2　定性、定量离子对及锥孔电压和碰撞能量

药物名称	定性离子对/（m/z）	定量离子对/（m/z）	锥孔电压/V	碰撞能量/eV
莫能菌素	693.6>460.9	693.6>460.9	60	52
	693.6>478.9			

表 3　离子丰度比的最大允许偏差

相对丰度（%）	>50	>20~50	>10~20	≤10
允许的最大偏差（%）	±20	±25	±30	±50

4　检测限

本方法检测限为 5.0g/kg。

兽药中非法添加非泼罗尼检查方法

1　适用范围

1.1　本方法适用于阿维菌素粉中非法添加非泼罗尼的检查。

1.2　用于其他兽药制剂中非法添加非泼罗尼的检查时，需进行空白试验和检测限测定。

2　检查方法

照高效液相色谱法（《中国兽药典》一部附录 0512）测定。

色谱条件与系统适用性试验　用十八烷基硅烷键合硅胶为填充剂；以水为流动相 A，乙腈为流动相 B，流速为每分钟 1.0mL，按表 1 进行梯度洗脱；二极管阵列检测器，采集波长范围为 190~400nm，分辨率为 1.2nm；记录 220nm 波长处的色谱图。供试品溶液中非泼罗尼色谱峰与相邻色谱峰分离度应符合要求。

表1　梯度洗脱条件

时间/min	流动相 A/%	流动相 B/%
0	30	70
12	30	70
13	5	95
20	5	95
21	30	70
25	30	70

测定法　取供试品 1.0g（或 1.0mL），置 50mL 量瓶中，加甲醇适量，超声处理 5min，放冷，加甲醇稀释至刻度，摇匀；取 5.0mL，置 50mL 量瓶中，加甲醇稀释至刻度，摇匀，作为供试品溶液。取非泼罗尼对照品约 25mg，置 50mL 量瓶中，加甲醇溶解并稀释至刻度，摇匀；取 5.0mL，置 50mL 量瓶中，加甲醇稀释至刻度，摇匀，作为对照品溶液。取供试品溶液和对照品溶液各 10μL，分别注入液相色谱仪，同时记录色谱图与光谱图。必要时，可调整供试品溶液或对照品溶液的浓度，使两者峰面积近似。通过与对照品溶液色谱图保留时间、光谱图的比对，确定供试品中是否含有非泼罗尼。

3　结果判定

3.1　供试品溶液色谱图中如出现与非泼罗尼对照品保留时间一致的峰（差异小于等于±5%），且为单一物质峰；在规定的采集波长范围内，两者紫外光谱图匹配，且最大吸收波长一致（差异小于等于±2nm），判定为检出非泼罗尼。

3.2　供试品溶液色谱图中峰保留时间与非泼罗尼对照品峰相同，但峰面积小于检测限峰面积，判定为未检出非泼罗尼。

4　检测限

本方法检测限为 0.5g/kg（图 1）。

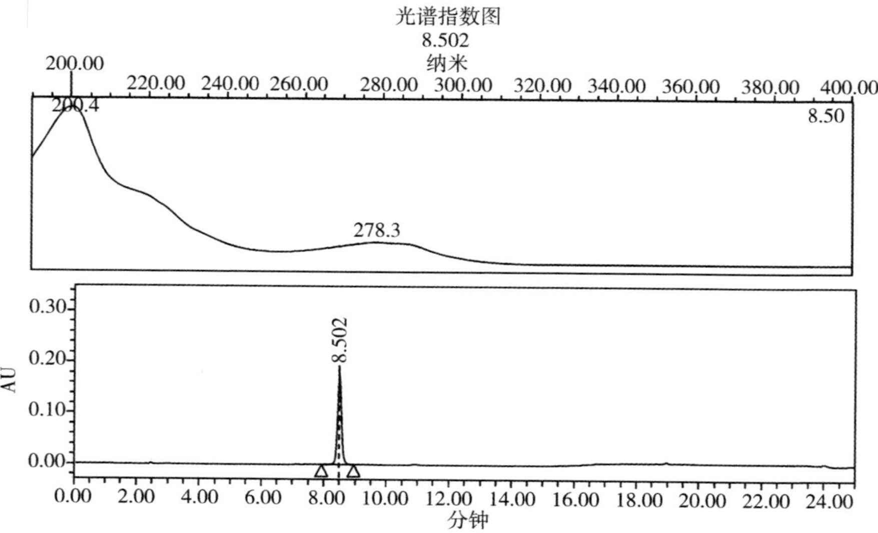

图 1　非泼罗尼光谱图与对照品溶液色谱图

（四）同类化药制剂中的非法添加物测定

序号	非法添加物检测方法标准名称	兽药制剂	非法添加物	技术方法	检测品种数
08	《氟喹诺酮类制剂中非法添加乙酰甲喹、喹乙醇等化学药物检查方法》	氟喹诺酮类制剂：氧氟沙星制剂、诺氟沙星（及其盐）制剂、恩诺沙星（及其盐）制剂、环丙沙星（及其盐）制剂	乙酰甲喹、喹乙醇	HPLC	2
15	《氟喹诺酮类制剂中非法添加对乙酰氨基酚、安乃近检查方法》	氟喹诺酮类制剂：氧氟沙星、诺氟沙星（及其盐）、恩诺沙星（及其盐）、环丙沙星（及其盐）注射液、可溶性粉及粉剂	对乙酰氨基酚、安乃近	HPLC	2
41	《硫酸黏菌素制剂中非法添加阿托品检查方法》	硫酸黏菌素制剂：硫酸黏菌素可溶性粉、硫酸黏菌素预混剂	阿托品	HPLC-MS I MS	1

氟喹诺酮类制剂中非法添加乙酰甲喹、喹乙醇等化学药物检查方法

1 适用范围

1.1 本方法适用于氧氟沙星制剂、诺氟沙星（及其盐）制剂、恩诺沙星（及其盐）制剂、环丙沙星（及其盐）制剂中非法添加乙酰甲喹、喹乙醇的检查。

1.2 用于其他兽药制剂中非法添加乙酰甲喹、喹乙醇检查时，需进行空白试验和检测限测定。

2 检查方法

照高效液相色谱法（《中国兽药典》一部附录0512）测定。

色谱条件与系统适用性试验 用十八烷基硅烷键合硅胶为填充剂（Waters Atlantis® T_3 5μm 4.6mm×250mm 或性能类似的色谱柱）；以0.01mol/L磷酸二氢钾溶液（用磷酸调节pH值至4.0）—乙腈（9：1）为流动相A，以乙腈为流动相B，按A：B为77：23进行洗脱；二极管阵列检测器，采集波长范围为200~400nm，分辨率为1.2nm；记录365nm波长处的色谱图。取供试品相应的对照品、乙酰甲喹、喹乙醇对照品各约25mg，分别置于50mL量瓶中，加流动相A适量，超声处理使溶解并稀释至刻度，摇匀；各取1.0mL，置同一10mL量瓶中，用流动相A稀释至刻度，摇匀，作为系统适用性试验溶液。取10μL注入液相色谱仪，同时记录色谱图与光谱图。供试品相应的对照品色谱峰与乙酰甲喹、喹乙醇色谱峰的分离度应符合要求。

测定法 取供试品0.5g（或0.5mL），置50mL量瓶中，加流动相A适量，超声处理使溶解并稀释至刻度，摇匀；取1.0mL，置10mL量瓶中，加流动相A稀释至刻度，作为供试品溶液。取乙酰甲喹、喹乙醇对照品各约25mg，分别同法操作，作为对照品溶液。取供试品溶液和乙酰甲喹、喹乙醇对照品溶液各10μL，分别注入液相色谱仪，同时记录色谱图与光谱图。必要时，可调整供试品溶液或对照品溶液的浓度，使两者峰面积近似。通过与对照品溶液色谱图保留时间、光谱图的比对，确定供试品中是否含有乙酰甲喹或喹乙醇。

3 结果判定

3.1 供试品溶液色谱图中如出现与乙酰甲喹、喹乙醇对照品保留时间一

致的峰（差异小于等于±5%），且为单一物质峰；在规定的采集波长范围内，两者紫外光谱图匹配，且最大吸收波长一致（差异小于等于±2nm），判定为检出乙酰甲喹或喹乙醇。

3.2 供试品溶液色谱图中峰保留时间与乙酰甲喹、喹乙醇对照品峰相同，但峰面积小于检测限峰面积，判定为未检出乙酰甲喹或喹乙醇。

4 检测限

本方法检测限为乙酰甲喹、喹乙醇：1g/kg 或 1g/L。

氟喹诺酮类制剂中非法添加对乙酰氨基酚、安乃近检查方法

1 适用范围

1.1 本方法适用于氧氟沙星、诺氟沙星（及其盐）、恩诺沙星（及其盐）、环丙沙星（及其盐）注射液、可溶性粉及粉剂中非法添加对乙酰氨基酚、安乃近的检查。

1.2 用于其他兽药制剂中非法添加对乙酰氨基酚、安乃近检查时，需进行空白试验和检测限测定。

2 检查方法

照高效液相色谱法（《中国兽药典》一部附录 0512）测定。

色谱条件与系统适用性试验 用十八烷基硅烷键合硅胶为填充剂；以磷酸二氢钠溶液（取磷酸二氢钠 3.0g，加水 1 000mL 使溶解，加三乙胺 0.5mL，用氢氧化钠饱和溶液调节 pH 值至 7.0）为流动相 A，甲醇为流动相 B，按表 1 进行梯度洗脱；二极管阵列检测器，采集波长范围为 200～400nm，分辨率为 1.2nm；记录 244nm 波长处的色谱图。供试品溶液中对乙酰氨基酚、安乃近色谱峰与相邻色谱峰分离度应符合要求。

表 1 梯度洗脱条件

时间/min	流动相 A/%	流动相 B/%
0	70	30
10	70	30
11	40	60

（续表）

时间/min	流动相 A/%	流动相 B/%
16	40	60
17	70	30
22	70	30

测定法　取供试品 2.0g 或 2.0mL，置 50mL 量瓶中，加甲醇适量超声处理 5min（固体制剂），加甲醇稀释至刻度，摇匀；滤过（固体制剂），取滤液 1.0mL，置 25mL 量瓶中，加甲醇稀释至刻度，摇匀，作为供试品溶液；取对乙酰氨基酚对照品、安乃近对照品适量，分别加甲醇使溶解并稀释制成每 1mL 中含 0.1mg 的溶液，作为对照品溶液。取供试品溶液和对照品溶液各 10μL，分别注入液相色谱仪，同时记录色谱图与光谱图。必要时，可调整供试品溶液或对照品溶液的浓度，使两者峰面积近似。通过与对照品溶液色谱图保留时间、光谱图的比对，确定供试品中是否含有对乙酰氨基酚或安乃近。

3　结果判定

3.1　供试品溶液色谱图中如出现与对乙酰氨基酚对照品、安乃近对照品保留时间一致的峰（差异小于等于±5%），且为单一物质峰；在规定的采集波长范围内，两者紫外光谱图匹配，且最大吸收波长一致（差异小于等于±2nm），判定为检出对乙酰氨基酚或安乃近。

3.2　供试品溶液色谱图中峰保留时间与对乙酰氨基酚对照品、安乃近对照品峰相同，但峰面积小于检测限峰面积，判定为未检出乙酰氨基酚或安乃近。

4　检测限

本方法检测限为：对乙酰氨基酚 0.5g/kg 或 0.5g/L，安乃近 5g/kg 或 5g/L。

硫酸黏菌素制剂中非法添加阿托品检查方法

1　适用范围

本方法适用于硫酸黏菌素可溶性粉、硫酸黏菌素预混剂中非法添加阿托品的检查。

2 检查方法（高效液相色谱法—串联质谱法）

色谱条件 用十八烷基键合硅胶为填充剂；以 0.1%甲酸溶液为流动相 A，乙腈为流动相 B，按表 1 进行梯度洗脱，流速为每分钟 0.3mL，柱温 40℃。

表 1 梯度洗脱条件

时间/min	A 相/%	B 相/%	变化曲线
0	90	10	/
1.5	70	30	6
3.5	10	90	6
4	10	90	6
5	90	10	1

质谱条件 扫描方式为电喷雾离子源正离子扫描（表 2）；检测方式为多反应监测，毛细管电压：2.5kV；源温：150℃；脱溶剂温度：500℃；锥孔气流速为 150L/h，脱溶剂气流速为1 000L/h。

表 2 定性、定量离子对和锥孔电压、碰撞能量

<table>
<tr><th>药物名称</th><th>保留时间/min</th><th>定性离子对/（m/z）</th><th>定量离子对/（m/z）</th><th>锥孔电压/V</th><th>碰撞能/eV</th></tr>
<tr><td rowspan="2">阿托品</td><td rowspan="2">1.42</td><td>290.1>124.1</td><td rowspan="2">290.1>124.1</td><td rowspan="2">2</td><td>22</td></tr>
<tr><td>290.1>93.0</td><td>28</td></tr>
</table>

测定法 取供试品 1.0g（或 1.0mL），置于 100mL 量瓶中，加水适量，超声处理 10min，稀释至刻度，滤过，取续滤液 1.0mL，置于 100mL 量瓶中，用水稀释至刻度，摇匀。再依次稀释 100 倍，作为供试品溶液。

另取阿托品对照品适量，加水适量使溶解，并稀释制成每 1mL 中约含 0.005μg 的溶液，混匀，作为对照品溶液。取供试品溶液和对照品溶液各 2μL，分别注入高效液相色谱—串联质谱仪，记录质量色谱图。

3 结果判定

3.1 试剂空白和供试品空白不能出现与阳性对照品溶液相同的离子峰。

3.2 所有离子色谱峰的信噪比都在3∶1以上，信噪比以峰对峰计算。

3.3 供试品溶液色谱图中色谱峰的保留时间，应与对照品溶液色谱图中的色谱峰保留时间一致（差异小于等于±2.5%）。

3.4 供试品溶液的离子丰度比应与对照品溶液一致，允许偏差符合表3的要求。

表3 离子丰度比的允许偏差范围

相对离子丰度/%	>50	>20~50	>10~20	≤10
允许的最大偏差/%	±20	±25	±30	±50

3.5 供试品溶液质量色谱图中如出现与相应对照品溶液保留时间一致的质量色谱峰，且质量色谱峰满足以上定性条件，判定为检出相应的阿托品。

4 检出限

本法中阿托品的检出限为0.2g/kg（或g/L）。

（五）兽药制剂中非法添加一类化合物测定

序号	非法添加物检测方法标准名称	兽药制剂	非法添加物	技术方法	检测品种数
36	《兽药制剂中非法添加磺胺类药物检查方法》	阿莫西林可溶性粉、氟苯尼考粉、盐酸林可霉素注射液、伊维菌素注射液、恩诺沙星注射液、盐酸环丙沙星可溶性粉、鱼腥草注射液、止痢散、黄芪多糖注射液、健胃散	磺胺类药物：磺胺嘧啶、磺胺二甲嘧啶、磺胺对甲氧嘧啶、磺胺间甲氧嘧啶、磺胺甲噁唑	HPLC	5
37	《兽药中非法添加甲氧苄啶检查方法》	替米考星预混剂、磷酸泰乐菌素预混剂、盐酸多西环素可溶性粉、乳酸环丙沙星可溶性粉及注射液、恩诺沙星注射液	甲氧苄啶	HPLC	1
38	《兽药中非法添加氨茶碱和二羟丙茶碱检查方法》	环丙沙星注射液及可溶性粉、恩诺沙星注射液、替米考星注射液及预混剂、盐酸多西环素可溶性粉、酒石酸泰乐菌素可溶性粉、磷酸泰乐菌素预混剂、金花平喘散、荆防败毒散、麻杏石甘散	氨茶碱、二羟丙茶碱	HPLC	2

（续表）

序号	非法添加物检测方法标准名称	兽药制剂	非法添加物	技术方法	检测品种数
48	《兽药中非法添加硝基咪唑类药物检查方法》	盐酸多西环素可溶性粉、硫酸新霉素可溶性粉	罗硝唑、甲硝唑、替硝唑、地美硝唑、奥硝唑或异丙硝唑	HPLC	5
49	《兽药中非法添加四环素类药物的检查方法》	麻杏石甘散、银翘散、替米考星预混剂、氟苯尼考预混剂、磺胺氯吡嗪钠可溶性粉	四环素类药物：土霉素、盐酸四环素、盐酸金霉素或多西环素	HPLC	类
50	《兽药固体制剂中非法添加酰胺醇类药物的检查方法》	健胃散、止痢散、球虫散、胃肠活、阿莫西林可溶性粉、氨苄西林可溶性粉、硫酸新霉素可溶性粉、盐酸大观霉素林可霉素可溶性粉、盐酸土霉素预混剂、注射用盐酸土霉素、盐酸金霉素可溶性粉、酒石酸泰乐菌素可溶性粉、硫酸红霉素可溶性粉、替米考星预混剂、盐酸林可霉素可溶性粉、硫酸黏菌素可溶性粉、恩诺沙星可溶性粉、盐酸环丙沙星可溶性粉、氧氟沙星可溶性粉、盐酸环丙沙星小檗碱预混剂、阿苯达唑伊维菌素预混剂、阿维菌素粉、地克珠利预混剂、维生素 C 可溶性粉、复方维生素 B 可溶性粉	酰胺醇类药物：甲砜霉素、氟苯尼考、氯霉素	HPLC	类

兽药制剂中非法添加磺胺类药物检查方法

1 适用范围

1.1 本方法适用于阿莫西林可溶性粉、氟苯尼考粉、盐酸林可霉素注射液、伊维菌素注射液、恩诺沙星注射液、盐酸环丙沙星可溶性粉、烟酸诺氟沙星注射液、氧氟沙星注射液、鱼腥草注射液、止痢散、黄芪多糖注射液、健胃散中非法添加磺胺嘧啶、磺胺二甲嘧啶、磺胺对甲氧嘧啶、磺胺间甲氧嘧啶、磺胺甲噁唑的检查。

1.2 用于其他兽药制剂中非法添加磺胺嘧啶、磺胺二甲嘧啶、磺胺对甲氧嘧啶、磺胺间甲氧嘧啶、磺胺甲噁唑等磺胺类药物检查时，需进行空白试验和系统适用性试验，供试品溶液中磺胺类药物色谱峰与相邻色谱峰分离度应符合要求。必要时可采用二极管阵列检测，进行峰纯度检测。

2　检查方法

照高效液相色谱法测定（《中国兽药典》2010 年版一部附录 36 页）。

2.1　色谱条件与系统适用性　用十八烷基键合硅胶为填充剂（Waters Atlantis T_3 4.6mm×250mm，5μm，或其他等效的色谱柱）；以 0.1% 甲酸溶液（三乙胺调节 pH 值至 3.4）为流动相 A，以乙腈为流动相 B，流速为每分钟 1.0mL，按表 1 进行梯度洗脱；二极管阵列检测器检测，采集波长范围为 210~400nm，分辨率为 1.2nm，记录 270nm 波长处的色谱图。

表 1　梯度洗脱条件

时间/min	流动相 A/%	流动相 B/%
0	90	10
15	76	24
35	65	35
36	90	10
40	90	10

取磺胺二甲嘧啶、磺胺对甲氧嘧啶对照品适量，加 10% 乙腈溶液使溶解，制成每 1mL 中各含 50μg 的混合溶液，作为系统适用性溶液。量取 10μL 注入高效液相色谱仪，记录色谱图和光谱图。磺胺二甲嘧啶、磺胺对甲氧嘧啶之间的分离度应符合要求。

2.2　测定法

2.2.1　盐酸林可霉素注射液、鱼腥草注射液、黄芪多糖注射液、伊维菌素注射液：取供试品 2.0mL，置 100mL 量瓶中，加 10% 乙腈溶液稀释至刻度，摇匀，作为供试品溶液。

2.2.2　止痢散、健胃散：取供试品 2.0g，置锥形瓶中，加 10% 乙腈溶液 100mL，超声 15min，静置，滤过，取续滤液作为供试品溶液。

2.2.3　阿莫西林可溶性粉：取供试品 2.0g，置 100mL 量瓶中，加 10% 乙腈溶液溶解，并稀释至刻度，摇匀，作为供试品溶液。

2.2.4　恩诺沙星注射液：取供试品 2.0 mL，置 100mL 量瓶中，加 10% 乙腈溶液稀释至刻度，摇匀；取 5.0mL，置 50mL 量瓶中，加 10%乙腈溶液稀释至刻度，摇匀，作为供试品溶液。

2.2.5　氟苯尼考粉：取供试品 1.0 g，置 200 mL 量瓶中，加 0.1mol/L 氢氧化钠溶液溶解并稀释至刻度，摇匀，室温放置 15h，作为供试品溶液。

2.2.6　盐酸环丙沙星可溶性粉：取供试品 2.0g，置 100mL 量瓶中，加 10%乙腈溶液稀释至刻度，摇匀；取 6.5mL，置 50mL 量瓶中，加 10%乙腈溶液稀释至刻度，摇匀，作为供试品溶液。

2.2.7　烟酸诺氟沙星注射液：取供试品 1.0mL，置 100mL 量瓶中，加 10%乙腈溶液稀释至刻度，摇匀；取 5.0mL，置 50mL 量瓶中，加 10%乙腈溶液稀释至刻度，摇匀，作为供试品溶液。

2.2.8　氧氟沙星注射液：取供试品 2.5 mL，置 100mL 量瓶中，加 10%乙腈溶液稀释至刻度，摇匀；取 5.0mL，置 50mL 量瓶中，加 10%乙腈溶液稀释至刻度，摇匀，作为供试品溶液。

2.2.9　另取磺胺嘧啶、磺胺二甲嘧啶、磺胺对甲氧嘧啶、磺胺间甲氧嘧啶或磺胺甲噁唑适量，加 10%乙腈溶液使溶解，并制成每 1mL 中含 50μg 的溶液，作为对照品溶液。

2.3　取供试品溶液和对照品溶液各 10μL，分别注入高效液相色谱仪，同时记录色谱图和光谱图。通过与相应对照品溶液色谱图保留时间和光谱图比对，确定供试品中是否含有磺胺嘧啶、磺胺二甲嘧啶、磺胺对甲氧嘧啶、磺胺间甲氧嘧啶或磺胺甲噁唑。

3　结果判定

3.1　在相同实验条件下，供试品色谱图中如出现色谱峰与相应对照品溶液峰保留时间一致（±5%），在大于 210nm 的波长范围内，供试品出现的色谱峰和相应对照品峰（图 1）相对峰高大于 10%时，两者光谱图（图 2）无明显差异（必要时可调整对照品或供试品溶液的浓度），最大吸收波长一致（±2nm），判定为检出磺胺嘧啶、磺胺二甲嘧啶、磺胺对甲氧嘧啶、磺胺间甲氧嘧啶或磺胺甲噁唑。

3.2　供试品溶液色谱图中如出现与相应对照品溶液保留时间一致的色谱峰，但峰面积小于检测限峰面积，判定为未检出磺胺嘧啶、磺胺二甲嘧啶、磺胺对甲氧嘧啶、磺胺间甲氧嘧啶或磺胺甲噁唑。

4　检测限

4.1　阿莫西林可溶性粉：0.1g/kg

4.2　盐酸林可霉素注射液、伊维菌素注射液：0.1g/L

4.3　烟酸诺氟沙星注射液：2g/L

4.4　恩诺沙星注射液、鱼腥草注射液、黄芪多糖注射液：1g/L

4.5　氟苯尼考粉：0.4g/kg

4.6　盐酸环丙沙星可溶性粉：0.8g/kg

4.7　氧氟沙星注射液：0.8g/L

4.8　止痢散：5g/kg

4.9　健胃散：1g/kg

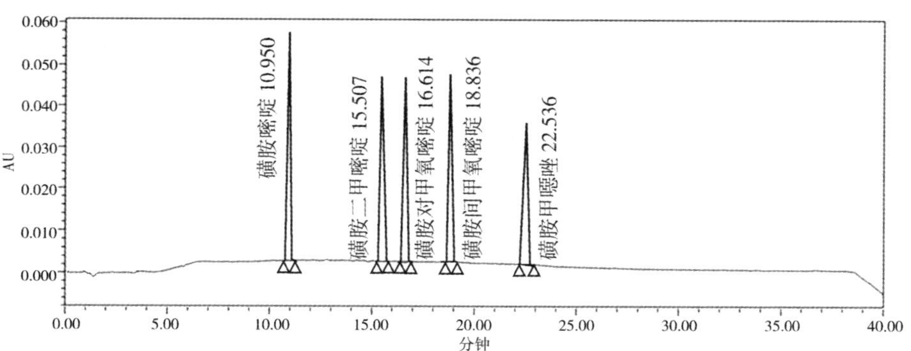

图1　磺胺嘧啶、磺胺二甲嘧啶、磺胺对甲氧嘧啶、磺胺间甲氧嘧啶、磺胺甲噁唑混合溶液色谱图

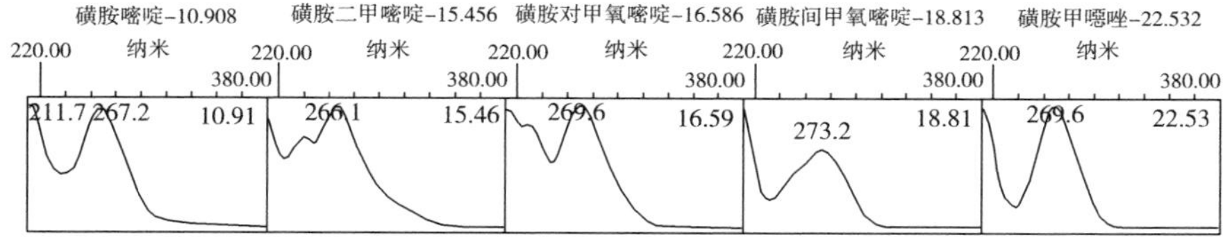

图2　磺胺嘧啶、磺胺二甲嘧啶、磺胺对甲氧嘧啶、磺胺间甲氧嘧啶、磺胺甲噁唑光谱图

兽药中非法添加甲氧苄啶检查方法

1 适用范围

1.1 本方法适用于替米考星预混剂、磷酸泰乐菌素预混剂、盐酸多西环素可溶性粉、乳酸环丙沙星可溶性粉及注射液、恩诺沙星注射液中非法添加甲氧苄啶的检查。

1.2 用于其他兽药制剂中非法添加甲氧苄啶检查时，需进行空白试验和系统适用性试验。供试品溶液中甲氧苄啶色谱峰与相邻色谱峰分离度应符合要求。

2 检查方法

照高效液相色谱法测定（《中国兽药典》一部附录0512）。

色谱条件与系统适用性 用十八烷基键合硅胶为填充剂，以甲醇—0.02mol/L磷酸二氢钾（27∶73）为流动相，二极管阵列检测器，采集波长范围为200~400nm，分辨率为1.2nm，记录270nm波长处的色谱图。甲氧苄啶色谱峰与相邻色谱峰之间的分离度应符合要求。

测定法 取供试品1.0g（或2.0mL），置50mL量瓶中，加流动相适量，超声处理10min，用流动相稀释至刻度，摇匀；量取5.0mL，置50mL量瓶中，用流动相稀释至刻度，摇匀，作为供试品溶液。另取甲氧苄啶对照品适量，加甲醇适量，超声处理使溶解，用甲醇—水（8∶2）稀释制成每1mL中含约20μg的溶液，作为对照品溶液（临用前配制）。取供试品溶液和对照品溶液各10μL，分别注入高效液相色谱仪，同时记录光谱图和色谱图。通过与对照品溶液色谱图保留时间和光谱图比对，确定供试品中是否含有甲氧苄啶。

3 结果判定

3.1 在相同试验条件下，供试品色谱图中如出现色谱峰与甲氧苄啶对照品峰保留时间一致（差异小于等于±5%）；且为单一物质峰（纯度角度小于纯度阈值）；在大于200nm的波长范围内，两者紫外光谱图匹配（匹配角度小于匹配阈值），最大吸收波长一致（差异小于等于±2nm），判定为检出甲氧苄啶。

3.2 进行其他兽药制剂中非法添加甲氧苄啶检查时，可通过调整供试品溶液或对照品溶）液的浓度，使两者峰面积近似后，进行检测。

4　检出限

本方法甲氧苄啶的检出限为0.5g/kg（固体制剂），0.25g/L（液体制剂）。

兽药中非法添加氨茶碱和二羟丙茶碱检查方法

1 适用范围

1.1　本方法适用于环丙沙星注射液及可溶性粉、恩诺沙星注射液、替米考星注射液及预混剂、盐酸多西环素可溶性粉、酒石酸泰乐菌素可溶性粉、磷酸泰乐菌素预混剂、金花平喘散、荆防败毒散、麻杏石甘散中非法添加氨茶碱、二羟丙茶碱的检查。

1.2　用于其他兽药制剂中非法添加氨茶碱和二羟丙茶碱检查时，需进行空白试验和系统适用性试验。供试品溶液中氨茶碱、二羟丙茶碱色谱峰与相邻色谱峰分离度应符合要求。

2　检查方法

照高效液相色谱法测定（《中国兽药典》一部附录0512）。

色谱条件与系统适用性　用十八烷基键合硅胶为填充剂：以磷酸二氢钾溶液（取磷酸二氢钾3.4g，加水1 000mL使溶解）—甲醇（72∶28）为流动相，二极管阵列检测器检测，采集波长范围为200～400nm，分辨率为1.2nm，记录270nm波长处的色谱图。取氨茶碱、二羟丙茶碱对照品各约25mg，置同一50mL量瓶中，加甲醇—水（1∶9）溶解，并稀释至刻度，摇匀。量取5.0mL，用甲醇—水（1∶9）稀释至50mL，摇匀，作为系统适用性试验溶液。取10μL注入高效液相色谱仪，记录光谱图和色谱图。各色谱峰之间的分离度均应符合要求。

测定法　取供试品约2.0g（或2.0mL），加甲醇—水（1∶9）适量，超声处理15min（固体制剂），稀释至100mL，摇匀。量取5.0mL（必要时过滤，取续滤液），用甲醇—水（1∶9）稀释至50mL，摇匀，作为供试品溶液。另取氨茶碱、二羟丙茶碱对照品各约25mg，置同一50mL量瓶中，加甲醇—水（1∶9）溶解，并稀释至刻度，摇匀。精密量取5mL，用甲醇—水（1∶9）稀释至50mL，摇匀，作为对照品溶液。取供试品溶液和对照品溶液各10μL，分别注入高效液相色谱仪，同时记录光谱图和色谱图。通过与相应对照品溶液色谱图保留时间和光谱图的比对，确定供试品中是否含有氨茶碱和二羟丙茶碱。

3 结果判定

3.1 在相同试验条件下，供试品色谱图中如出现色谱峰与氨茶碱对照品峰或二羟丙茶碱对照品峰保留时间一致（差异小于等于±5%）；且为单一物质峰（纯度角度小于纯度阈值）；在大于200nm的波长范围内，两者紫外光谱图匹配（匹配角度小于匹配阈值），最大吸收波长一致（差异小于等于±2nm），判定为检出氨茶碱或二羟丙茶碱。

3.2 进行其他兽药制剂中非法添加氨茶碱或二羟丙茶碱检查时，可通过调整供试品溶液或对照品溶液的浓度，使两者峰面积近似后，进行检测。

4 检出限

本法中氨茶碱和二羟丙茶碱的检出限分别为0.25g/L（g/kg）。

兽药中非法添加硝基咪唑类药物检查方法

1 适用范围

1.1 本方法适用于盐酸多西环素可溶性粉和硫酸新霉素可溶性粉中非法添加罗硝唑、甲硝唑、替硝唑、地美硝唑、奥硝唑或异丙硝唑的检查。

1.2 用于其他兽药制剂中非法添加罗硝唑、甲硝唑、替硝唑、地美硝唑、奥硝唑或异丙硝唑检查时，需进行空白试验和检测限测定。

2 检查方法

照高效液相色谱法（《中国兽药典》一部附录0512）测定。

色谱条件与系统适用性试验 采用十八烷基硅烷键合硅胶为填充剂（Agilent EclipsePlus C_{18} 4.6mm×250mm，5μm色谱柱或其他等效的色谱柱）；以甲醇为流动相A，以水为流动相B，流速为每分钟0.8mL，按表1进行线性梯度洗脱；柱温25℃；二极管阵列检测器检测，采集波长范围为200～400nm，分辨率为1.2nm，记录320nm波长处的色谱图。供试品溶液中罗硝唑、甲硝唑、替硝唑、地美硝唑、奥硝唑和异丙硝唑色谱峰与相邻色谱峰分离度符合要求。

表 1 梯度洗脱条件

时间/min	A/%	B/%
0	20	80
5	20	80
12	40	60
20	40	60
20. 1	100	0
25	100	0
25. 1	20	80
30	20	80

测定法 取供试品 1. 0g，置具塞锥形瓶中，加甲醇 50mL，超声处理 10min，冷却至室温，滤过；取续滤液 5. 0mL，置 50mL 量瓶中，用甲醇—水（3：7）稀释至刻度，摇匀，滤过，作为供试品溶液。分别取罗硝唑、甲硝唑、替硝唑、地美硝唑、奥硝唑和异丙硝唑对照品各约 25mg 置 50mL 量瓶中，加甲醇使溶解，定容；取适量，用甲醇—水（3：7）稀释制成每 1mL 中各含约 50μg 的溶液，作为对照品溶液。取供试品和对照品溶液各 20μL，分别注入液相色谱仪，同时记录色谱图和光谱图。必要时，可调整供试品溶液或对照品溶液的浓度，使两者峰面积接近。通过与对照品溶液色谱图保留时间、光谱图的对比，确定供试品中是否含有罗硝唑、甲硝唑、替硝唑、地美硝唑、奥硝唑或异丙硝唑。

3 结果判定

3. 1 供试品溶液色谱图中如出现与相应对照品溶液色谱图中保留时间一致的色谱峰（差异不大于±5%），且为单一物质峰；在规定的采集波长范围内，两者紫外光谱图匹配，且最大吸收波长一致（差异不大于±2 nm），判定为检出罗硝唑、甲硝唑、替硝唑、地美硝唑、奥硝唑或异丙硝唑。

3. 2 供试品溶液色谱图中峰保留时间与相应对照品峰相同，但峰面积小于检测限峰面积，判定为未检出罗硝唑、甲硝唑、替硝唑、地美硝唑、奥硝唑或异丙硝唑。

4 检测限

本方法罗硝唑、甲硝唑、替硝唑、地美硝唑、奥硝唑或异丙硝唑的检测限为 1 mg/g（图 1 至图 7）。

附图：

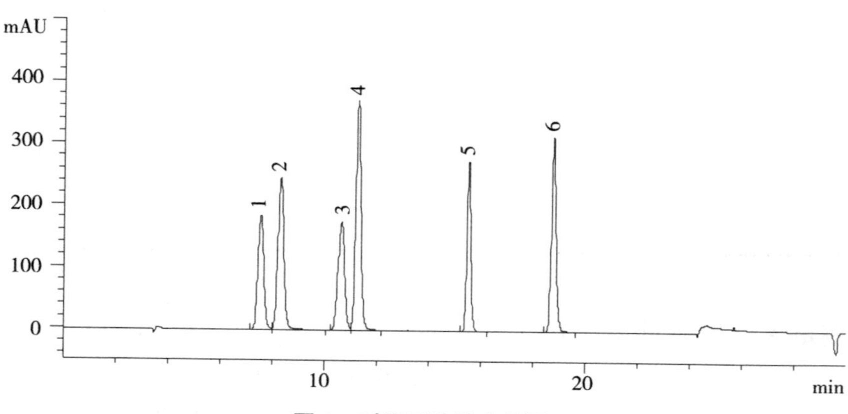

图 1 对照品溶液色谱图

1. 罗硝唑 2. 甲硝唑 3. 替硝唑 4. 地美硝唑 5. 奥硝唑 6. 异丙硝唑

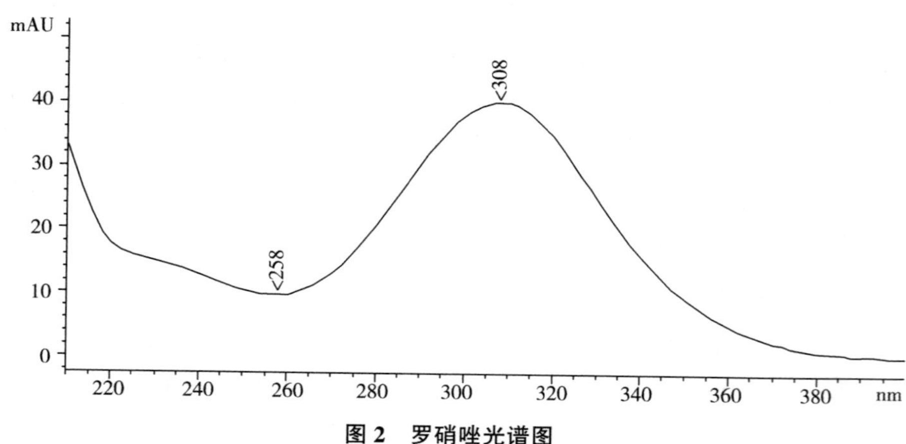

图 2 罗硝唑光谱图

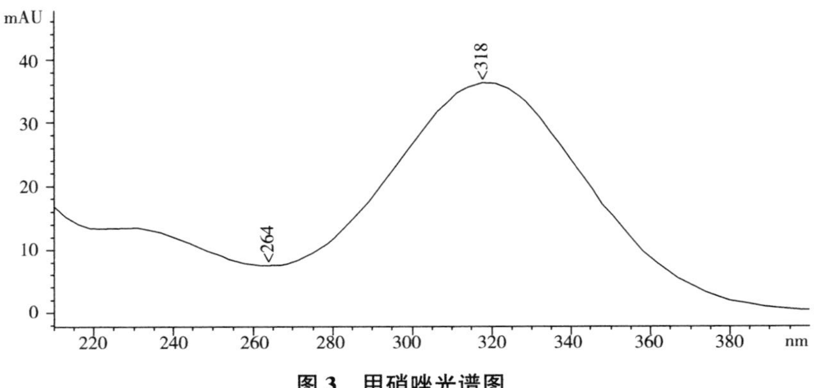

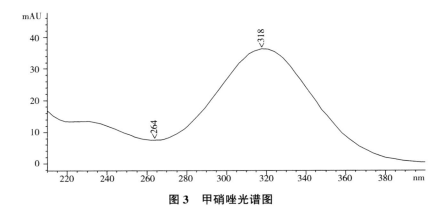

图 3 甲硝唑光谱图

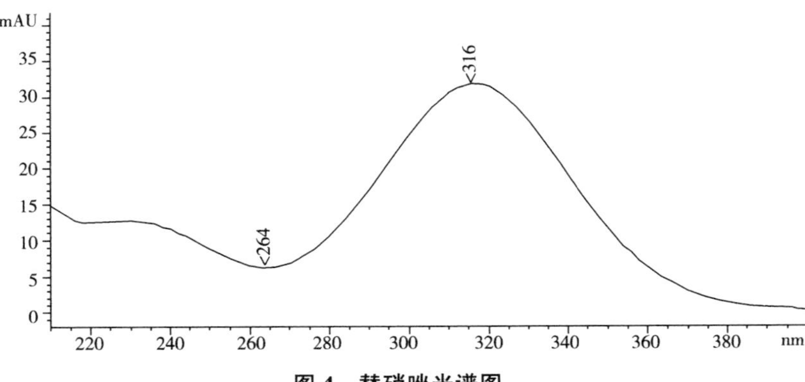

图 4 替硝唑光谱图

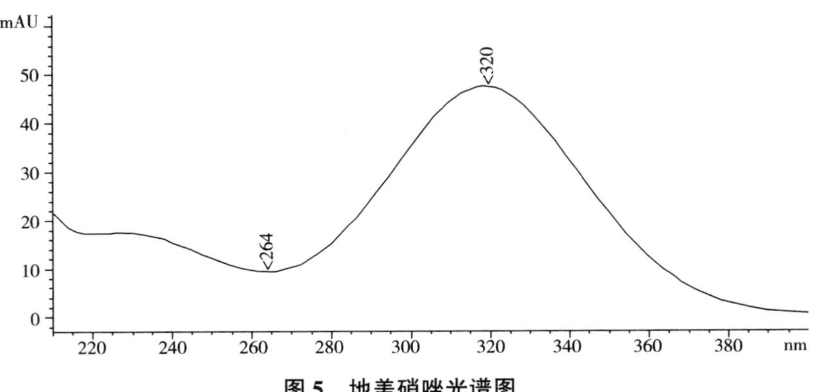

图 5 地美硝唑光谱图

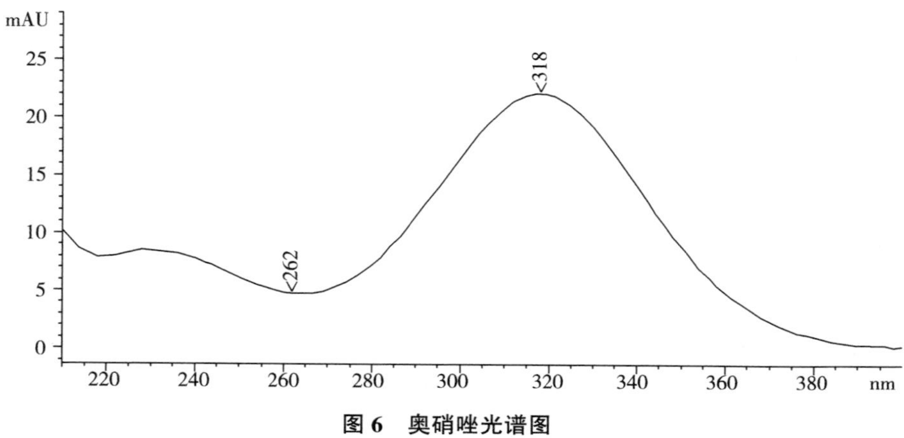

图 6　奥硝唑光谱图

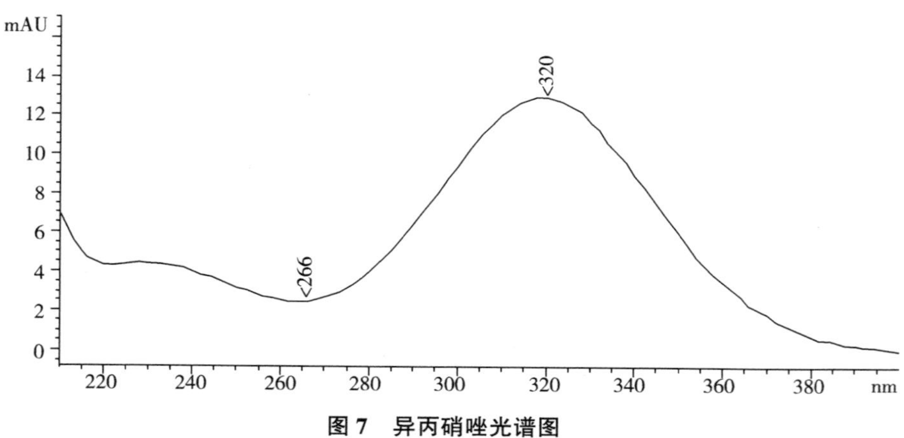

图 7　异丙硝唑光谱图

兽药中非法添加四环素类药物的检查方法

1　适用范围

1.1　本方法适用于麻杏石甘散、银翘散、替米考星预混剂、氟苯尼考预混剂、磺胺氯吡嗪钠可溶性粉中非法添加土霉素、盐酸四环素、盐酸金霉素或多西环素的检查。

1.2　用于其他兽药制剂中非法添加土霉素、盐酸四环素、盐酸金霉素或多西环素等四环素类药物检查时，需进行空白试验和检测限测定。

2　检查方法

照高效液相色谱法（《中国兽药典》一部附录0512）测定。

色谱条件与系统适用性试验　用十八烷基硅烷键合硅胶为填充剂；以0.01mol/L草酸溶液为流动相A，乙腈为流动相B，按表1梯度洗脱；二极管阵列检测器检测，采集波长范围为200~400nm，分辨率为1.2nm；记录350nm波长处的色谱图。取土霉素、盐酸四环素、盐酸金霉素及多西环素对照品适量，用0.01mol/L盐酸溶液溶解并稀释制成每1mL中各约含10μg的溶液，作为系统适用性溶液，取20μL注入液相色谱仪，同时记录光谱图和色谱图，出峰顺序依次为土霉素、四环素、金霉素、多西环素，相邻峰之间的分离度均应符合要求。供试品溶液中如有土霉素、四环素、金霉素或多西环素峰，与相邻峰的分离度应符合要求。

表1　梯度洗脱条件

时间/min	A/%	B/%
0	90	10
3	90	10
15	70	30
20	70	30
22	90	10

测定法　取供试品1.0g，置锥形瓶中，加0.01mol/L的盐酸溶液100mL，超声处理5min，摇匀，滤过，取滤液5.0mL，加0.01mol/L盐酸溶液稀释至25mL，摇匀，作为供试品溶液。另取土霉素、盐酸四环素、盐酸金霉素或多西环素对照品适量，用0.01mol/L的盐酸溶液溶解并稀释制成每1mL中各约含10μg的溶液，作为对照品溶液。取供试品溶液和对照品溶液各20μL注入液相色谱仪，同时记录色谱图和光谱图。必要时，可调整供试品溶液或对照品溶液的浓度，使两者峰面积近似。通过与对照品溶液色谱图保留时间、光谱图的比对，确定供试品中是否含有土霉素、盐酸四环素、盐酸金霉素或多西环素。

3 结果判定

3.1 供试品溶液色谱图中如出现与土霉素、四环素、金霉素或多西环素对照品保留时间一致的峰（差异小于等于±5%），且为单一物质峰；在规定的采集波长范围内，两者紫外光谱图匹配，且最大吸收波长一致（差异小于等于±2nm），判定为检出土霉素、盐酸四环素、盐酸金霉素或多西环素。

3.2 供试品溶液色谱图中峰保留时间与土霉素、四环素、金霉素或多西环素对照品峰一致，但峰面积小于检测限峰面积，判定为未检出土霉素、盐酸四环素、盐酸金霉素或多西环素。

4 检测限

本方法检测限土霉素、盐酸四环素为0.5g/kg，盐酸金霉素、多西环素为1.0g/kg（图1，图2）。

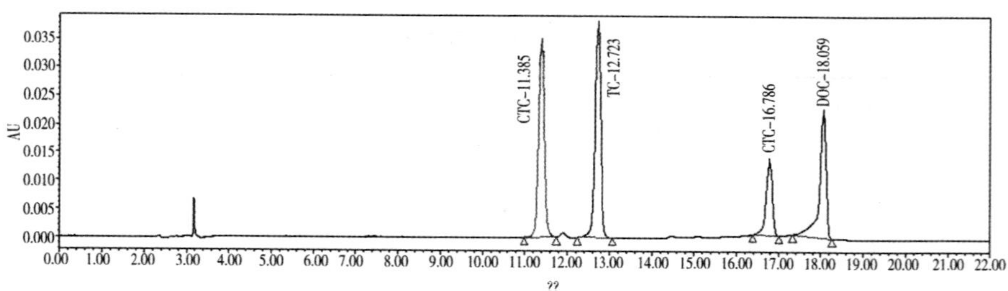

图1 四环素类药物混合标准溶液色谱图

注：出峰顺序依次为：土霉素、四环素、金霉素、多西环素

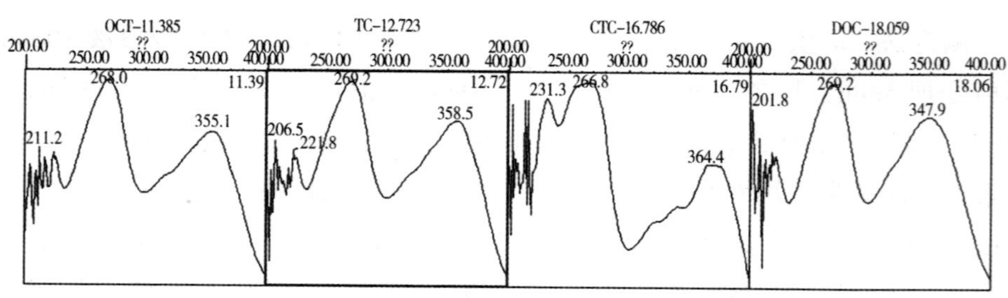

图2 四环素类药物混合标准溶液光谱图

兽药固体制剂中非法添加酰胺醇类药物的检查方法

1　适用范围

1.1　本方法适用于兽药固体制剂（健胃散、止痢散、球虫散、胃肠活、阿莫西林可溶性粉、氨苄西林可溶性粉、硫酸新霉素可溶性粉、盐酸大观霉素林可霉素可溶性粉、盐酸土霉素预混剂、注射用盐酸土霉素、盐酸金霉素可溶性粉、酒石酸泰乐菌素可溶性粉、硫酸红霉素可溶性粉、替米考星预混剂、盐酸林可霉素可溶性粉、硫酸黏菌素可溶性粉、恩诺沙星可溶性粉、盐酸环丙沙星可溶性粉、氧氟沙星可溶性粉、盐酸环丙沙星小檗碱预混剂、阿苯达唑伊维菌素预混剂、阿维菌素粉、地克珠利预混剂、维生素 C 可溶性粉、复方维生素 B 可溶性粉）中非法添加的酰胺醇类药物（甲砜霉素、氟苯尼考、氯霉素）的检查。

1.2　用于其他兽药固体制剂药物中非法添加酰胺醇类药物（甲砜霉素、氟苯尼考、氯霉素）检查时，需要进行空白试验和系统适用性试验，供试品溶液中甲砜霉素、氟苯尼考和氯霉素色谱峰与相邻的色谱峰分离度应符合要求。必要时可采用二极管阵列检测器进行峰纯度检测。

2　检查方法

照高效液相色谱法（《中国兽药典》2015 版一部附录 0512）测定。

色谱条件与系统适用性　用十八烷基键合硅胶为填充剂（Waters Atlantis T_3 4.6mm×250mm，5μm，或其他等效的色谱柱）；以甲醇为流动相 A，以乙腈为流动相 B，水为流动相 C，流速为 1mL/min，按表 1 进行洗脱；二极管阵列检测器检测，采集波长范围为 190～400nm，分辨率为 1.2nm，分别记录 224nm 和 278nm 波长处的色谱图。

表 1　梯度洗脱条件

时间/min	流动相 A/%	流动相 B/%	流动相 C/%
0	13	12	75
12	13	12	75
26	0	40	60

（续表）

时间/min	流动相 A/%	流动相 B/%	流动相 C/%
30	13	12	75
35	13	12	75

分别取甲砜霉素、氟苯尼考、氯霉素对照品适量，加 40%甲醇溶液超声使溶解，制成每 1mL 中各含约 50μg 的溶液，作为系统适用性溶液。取 10μL 注入高效液相色谱仪，记录色谱图和光谱图。甲砜霉素、氟苯尼考和氯霉素之间的分离度应符合要求。

测定法　取供试品约 0.5g，精密加入 40%的甲醇溶液 50mL，超声 15min，摇匀，6 000 转/min，离心 5min；取上清液 1.0mL 置 10mL 量瓶中，加 40%甲醇溶液稀释至刻度，摇匀，作为供试品溶液。分别取甲砜霉素、氟苯尼考、氯霉素对照品适量，加 40%甲醇溶液超声使溶解，制成每 1mL 中各含约 50μg 的溶液，作为对照品溶液。取供试品溶液和对照品溶液各 10μL，分别注入高效液相色谱仪，同时记录色谱图和光谱图。必要时，可调整供试品溶液或对照品溶液的浓度，使两者峰面积近似。通过与对照品溶液色谱图保留时间、光谱图的对比，确定供试品中是否含有甲砜霉素、氟苯尼考和氯霉素。

3　结果判定

3.1　供试品色谱图中如出现与相应对照品保留时间一致的峰（差异小于等于±5%），且为单一物质峰；在规定的采集波长范围内，两者紫外光谱图匹配，且最大吸收波长一致（差异小于等于±2nm），判定为检出为甲砜霉素、氟苯尼考或氯霉素。

3.2　供试品溶液色谱图中峰保留时间与相应对照品峰相同，但峰面积小于检测限峰面积，判定为未检出甲砜霉素、氟苯尼考或氯霉素。

4　检测限

本方法甲砜霉素、氟苯尼考、氯霉素检测限为 4g/kg（图 1，图 2）。

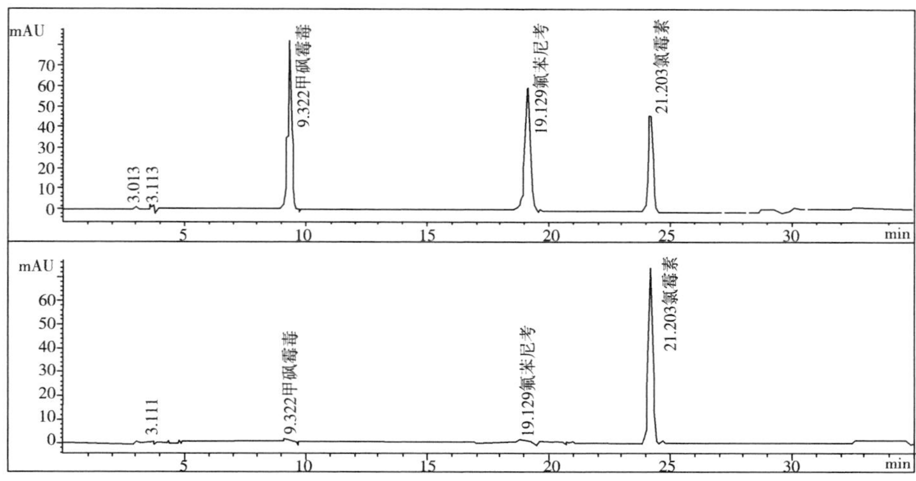

图 1　酰胺醇类药物混合标准溶液 224nm 和 278nm 色谱图

注：1. 上图为 224nm 色谱图，下图为 278nm 色谱图；

2. 出峰顺序为甲砜霉素、氟苯尼考、氯霉素。

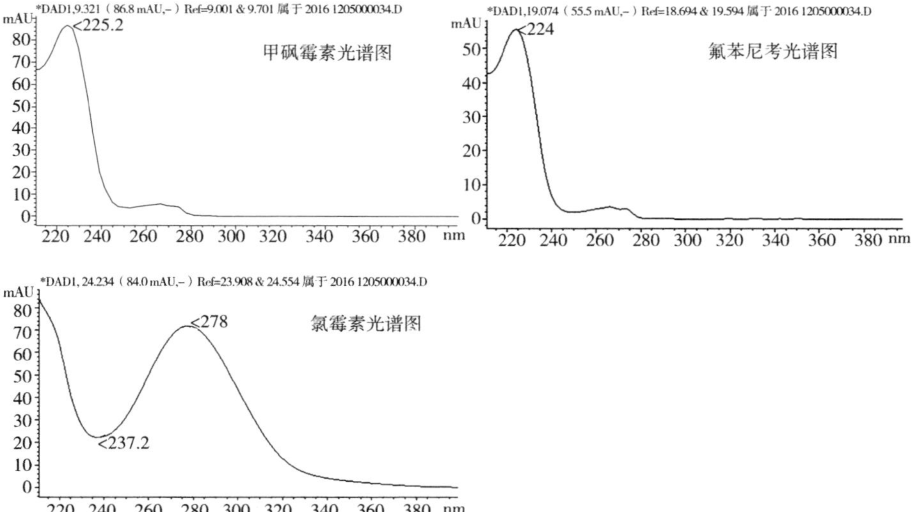

图 2　酰胺醇类药物混合标准溶液光谱图

（六）兽药制剂中非法添加多种化合物测定

现行序号	非法添加物检测方法标准名称	兽药制剂	非法添加物	技术方法	检测品种数
39	《兽药中非法添加对乙酰氨基酚、安乃近、地塞米松和地塞米松磷酸钠检查方法》	氟苯尼考粉及预混剂、泰乐菌素预混剂、替米考星预混剂及注射液、板蓝根注射液、穿心莲注射液	对乙酰氨基酚、安乃近、地塞米松和地塞米松磷酸钠	HPLC	4
40	《兽药中非法添加喹乙醇和乙酰甲喹检查方法》	硫酸黏菌素可溶性粉及预混剂、黄连解毒散、白头翁散	喹乙醇和乙酰甲喹	HPLC	2
51	《兽药制剂中非法添加磺胺类及喹诺酮类25种化合物检查方法》	黄芪多糖注射液、维生素C可溶性粉、硫酸卡那霉素注射液	磺胺脒、磺胺、磺胺二甲异嘧啶钠、磺胺醋酰、磺胺嘧啶、甲氧苄啶、磺胺吡啶、马波沙星、磺胺甲基嘧啶、氧氟沙星、培氟沙星、洛美沙星、达氟沙星、恩诺沙星、磺胺间甲氧嘧啶、磺胺氯达嗪钠、沙拉沙星、磺胺多辛、磺胺甲噁唑、磺胺异噁唑、磺胺苯甲酰、磺胺氯吡嗪钠、磺胺地索辛、磺胺喹噁啉或磺胺苯吡唑等磺胺类及喹诺酮类25种化合物	HPLC	25

兽药中非法添加对乙酰氨基酚、安乃近、地塞米松和地塞米松磷酸钠检查方法

1 适用范围

1.1 本方法可用于氟苯尼考粉及预混剂、泰乐菌素预混剂、替米考星预混剂及注射液、板蓝根注射液和穿心莲注射液中非法添加对乙酰氨基酚、安乃近、地塞米松、地塞米松磷酸钠的检查。

1.2 用于其他兽药制剂中非法添加对乙酰氨基酚、安乃近、地塞米松、地塞米松磷酸钠的检查时，需要进行空白试验和系统适用性试验。供试品溶液

中对乙酰氨基酚、安乃近、地塞米松和地塞米松磷酸钠色谱峰与相邻色谱峰之间的分离度应符合要求。

2 检查方法

照高效液相色谱法测定（《中国兽药典》一部附录0512）。

色谱条件与系统适用性 用十八烷基键合硅胶为填充剂；以磷酸盐缓冲液（取磷酸二氢钠3.0g加水1 000 mL使溶解，加三乙胺1mL，用氢氧化钠调pH值至7.0±0.02）为流动相A，甲醇为流动相B，按表1进行梯度洗脱，二极管阵列检测器，采集波长为200~400nm，分辨率为1.2nm。记录240nm波长处的色谱图。

称取对乙酰氨基酚、安乃近、地塞米松和地塞米松磷酸钠对照品约25mg，加甲醇适量溶解，用甲醇—水（8：2）稀释制成20μg/mL的混合标准溶液，作为系统适应性溶液。取10μL注入高效液相色谱仪，记录光谱图和色谱图。各色谱峰之间的分离度均应符合要求。

表1 梯度洗脱条件

时间/min	流动相A/%	流动相B/%	曲线
0	80	20	/
30	20	80	6
33	20	80	6
34	80	20	1

测定法 取供试品1.0g（或1.0mL），置50mL量瓶中，加甲醇适量，超声10min，用甲醇稀释至刻度，摇匀。量取2.0mL，置50mL量瓶中，用甲醇—水（8：2）稀释至刻度，摇匀，作为供试品溶液。另取对乙酰氨基酚、安乃近、地塞米松和地塞米松磷酸钠对照品约25mg，加甲醇适量溶解，用甲醇—水（8：2）稀释制成20μg/mL的混合标准溶液，作为对照品溶液（临用前配制）。取供试品溶液和对照品溶液各10μL，分别注入高效液相色谱仪，同时记录光谱图和色谱图。通过与对照品溶液色谱图保留时间、光谱图的比对，确定供试品中是否含有安乃近、对乙酰氨基酚、地塞米松和地塞米松磷酸钠。对照品溶液出峰时间顺序依次为对乙酰氨基酚、安乃近、地塞米松磷酸钠、地塞米松。

3 结果判定

3.1 在相同试验条件下，供试品色谱图中如出现色谱峰与对乙酰氨基酚对照品峰、安乃近对照品峰、地塞米松对照品峰或地塞米松磷酸钠对照品峰保留时间一致（差异小于等于±5%）；且为单一物质峰（纯度角度小于纯度阈值）；在大于200nm的波长范围内，两者紫外光谱图匹配（匹配角度小于匹配阈值），最大吸收波长一致（差异小于等于±2nm），判定为检出对乙酰氨基酚、安乃近、地塞米松或地塞米松磷酸钠。

3.2 进行其他兽药制剂中非法添加对乙酰氨基酚、安乃近、地塞米松和地塞米松磷酸钠检查时，可通过调整供试品溶液或对照品溶液的浓度，使两者峰面积近似后，进行检测。

4 检出限

本法中安乃近和地塞米松磷酸钠的检出限为3.0g/L（g/kg），对乙酰氨基酚和地塞米松的检出限均为1.5g/L（g/kg）。

兽药中非法添加喹乙醇和乙酰甲喹检查方法

1 适用范围

1.1 本方法适用于硫酸黏菌素可溶性粉及预混剂、黄连解毒散和白头翁散中非法添加喹乙醇、乙酰甲喹的检查。

1.2 用于其他兽药制剂非法添加喹乙醇和乙酰甲喹检查时，需要进行空白试验和系统适用性试验。供试品溶液中喹乙醇、乙酰甲喹色谱峰与相邻色谱峰之间的分离度应符合要求。

2 检查方法

照高效液相色谱法（《中国兽药典》一部附录0512）测定。

色谱条件与系统适用性试验 用十八烷基键合硅胶为填充剂；以磷酸盐缓冲液溶液（取磷酸二氢钾1.36g，加水1 000 mL使溶解，用三乙胺调pH值至6.0）—乙腈（95∶5）为流动相；二极管阵列检测器，采集波长为200～400nm，分辨率为1.2nm；记录260nm波长处的色谱图。

称取喹乙醇对照品、乙酰甲喹对照品各约25mg分别置于50mL量瓶中，加甲醇适量，放冷至室温后，用甲醇—水（8∶2）稀释至刻度，摇匀，精密量取5.0mL，置50mL量瓶中，用甲醇—水（8∶2）稀释至刻度，摇匀，作为系统适用性试验溶液。取10μL注入高效液相色谱仪，记录光谱图和色谱图，各色谱峰之间的分离度均应符合要求。

测定法　取供试品约1.0g（或1.0mL），置50mL量瓶中，加甲醇—水（8∶2）适量，超声30min，放冷至室温后，用甲醇—水（8∶2）稀释至刻度，摇匀。量取5.0mL，置50mL量瓶中，用甲醇—水（8∶2）稀释至刻度，摇匀，作为供试品溶液。

另取喹乙醇、乙酰甲喹对照品各约25mg，置50mL量瓶中，加甲醇适量，超声处理使溶解，并稀释至刻度，摇匀。量取5.0mL，置50mL量瓶中，用甲醇—水（8∶2）稀释至刻度，摇匀，作为对照品溶液（临用前配制）。取供试品溶液和对照品溶液各10μL，分别注入高效液相色谱仪，同时记录光谱图和色谱图。通过与对照品溶液色谱图保留时间、光谱图的比对，确定供试品中是否含有喹乙醇和乙酰甲喹。对照品溶液出峰时间顺序依次为喹乙醇、乙酰甲喹。

3　结果判定

3.1　在相同试验条件下，供试品色谱图中如出现色谱峰与喹乙醇对照品峰或乙酰甲喹对照品峰保留时间一致（差异小于等于±5%）；且为单一物质峰（纯度角度小于纯度阈值）；在大于200nm的波长范围内，两者紫外光谱图匹配（匹配角度小于匹配阈值），最大吸收波长一致（差异小于等于±2nm），判定为检出喹乙醇或乙酰甲喹。

3.2　进行其他兽药制剂中非法添加喹乙醇或乙酰甲喹检查时，可通过调整供试品溶液或对照品溶液的浓度，使两者峰面积近似后，进行检测。

4　检出限

本法中喹乙醇和乙酰甲喹的检出限分别为1.0g/kg和2.5g/kg。

兽药制剂中非法添加磺胺类和喹诺酮类
25种化合物检查方法

1　适用范围

1.1　本方法适用于黄芪多糖注射液、维生素C可溶性粉、硫酸卡那霉素注射液中非法添加磺胺脒、磺胺、磺胺二甲异嘧啶钠、磺胺醋酰、磺胺嘧啶、甲氧苄啶、磺胺吡啶、马波沙星、磺胺甲基嘧啶、氧氟沙星、培氟沙星、洛美沙星、达氟沙星、恩诺沙星、磺胺间甲氧嘧啶、磺胺氯达嗪钠、沙拉沙星、磺胺多辛、磺胺甲噁唑、磺胺异噁唑、磺胺苯甲酰、磺胺氯吡嗪钠、磺胺地索辛、磺胺喹噁啉或磺胺苯吡唑的检查。

1.2　用于其他兽药制剂中非法添加磺胺脒、磺胺、磺胺二甲异嘧啶钠、磺胺醋酰、磺胺嘧啶、甲氧苄啶、磺胺吡啶、马波沙星、磺胺甲基嘧啶、氧氟沙星、培氟沙星、洛美沙星、达氟沙星、恩诺沙星、磺胺间甲氧嘧啶、磺胺氯达嗪钠、沙拉沙星、磺胺多辛、磺胺甲噁唑、磺胺异噁唑、磺胺苯甲酰、磺胺氯吡嗪钠、磺胺地索辛、磺胺喹噁啉、磺胺苯吡唑等检查时，需进行空白试验和检测限测定。

2　检查方法

照高效液相色谱法（《中国兽药典》一部附录0512）测定。

2.1　色谱条件与系统适用性试验　采用超高效液相色谱柱，以十八烷基硅烷键合硅胶为填充剂（Agilent Eclipse PlusC_{18} RRHD 2.1mm × 150mm，1.8μm，或其他等效的色谱柱）；以0.1%甲酸溶液（三乙胺调节pH值至3.40）为流动相A，以乙腈为流动相B，流速为每分钟0.2mL，柱温25℃，按表1进行线性梯度洗脱；二极管阵列检测器检测，采集波长范围为200～400nm，分辨率为1.2nm，记录280nm波长处的色谱图。

表1　梯度洗脱方法

时间/min	流动相A/%	流动相B/%
0	91	9
7	86	14
20	84.5	15.5
25	80	20
30	76	24
37	70	30
39	50	50
39.5	91	9
42	91	9

取马波沙星、磺胺甲基嘧啶、磺胺喹噁啉和磺胺苯吡唑对照品适量，加60%乙腈溶液，制成每1mL中各含4μg的混合溶液，作为系统适用性溶液。取0.5μL注入超高效液相色谱仪，记录色谱图和光谱图。马波沙星与磺胺甲基嘧啶色谱峰、磺胺喹噁啉与磺胺苯吡唑色谱峰的分离度均应不小于1.0。

2.2　测定法　取黄芪多糖注射液1.0mL、硫酸卡那霉素注射液1.0mL或取维生素C可溶性粉1.0g，置50mL量瓶中，加60%乙腈溶液约40mL，超声5min，放冷，加60%乙腈溶液至刻度，摇匀，作为供试品溶液。另取磺胺脒、磺胺、磺胺二甲异嘧啶钠、磺胺醋酰、磺胺嘧啶、甲氧苄啶、磺胺吡啶、马波沙星、磺胺甲基嘧啶、氧氟沙星、培氟沙星、洛美沙星、达氟沙星、恩诺沙星、磺胺间甲氧嘧啶、磺胺氯达嗪钠、沙拉沙星、磺胺多辛、磺胺甲噁唑、磺胺异噁唑、磺胺苯甲酰、磺胺氯吡嗪钠、磺胺地索辛、磺胺喹噁啉或磺胺苯吡唑对照品适量，加60%乙腈溶液，制成每1mL中含4μg的溶液，作为对照品溶液。

2.3　取供试品和对照品溶液各0.5μL，分别注入超高效液相色谱仪，同时记录色谱图和光谱图（图1，图2）。通过与相应对照品溶液色谱图保留时间和光谱图比对，确定供试品中是否含有磺胺脒、磺胺、磺胺二甲异嘧啶钠、磺胺醋酰、磺胺嘧啶、甲氧苄啶、磺胺吡啶、马波沙星、磺胺甲基嘧啶、氧氟沙星、培氟沙星、洛美沙星、达氟沙星、恩诺沙星、磺胺间甲氧嘧啶、磺胺氯达嗪钠、沙拉沙星、磺胺多辛、磺胺甲噁唑、磺胺异噁唑、磺胺苯甲酰、磺胺氯吡嗪钠、磺胺地索辛、磺胺喹噁啉或磺胺苯吡唑。

3　结果判定

3.1　供试品溶液色谱图中如出现与相应对照品溶液保留时间一致的峰（差异不大于±5%），且为单一物质峰；在规定的采集波长范围内，两者紫外光谱图匹配，且最大吸收波长一致（差异不大于±2nm），判定为检出磺胺脒、磺胺、磺胺二甲异嘧啶钠、磺胺醋酰、磺胺嘧啶、甲氧苄啶、磺胺吡啶、马波沙星、磺胺甲基嘧啶、氧氟沙星、培氟沙星、洛美沙星、达氟沙星、恩诺沙星、磺胺间甲氧嘧啶、磺胺氯达嗪钠、沙拉沙星、磺胺多辛、磺胺甲噁唑、磺胺异噁唑、磺胺苯甲酰、磺胺氯吡嗪钠、磺胺地索辛、磺胺喹噁啉或磺胺苯吡唑。

3.2 供试品溶液色谱图中如出现与相应对照品溶液保留时间一致的色谱峰，但峰面积小于检测限峰面积，判定为未检出磺胺脒、磺胺、磺胺二甲异嘧啶钠、磺胺醋酰、磺胺嘧啶、甲氧苄啶、磺胺吡啶、马波沙星、磺胺甲基嘧啶、氧氟沙星、培氟沙星、洛美沙星、达氟沙星、恩诺沙星、磺胺间甲氧嘧啶、磺胺氯达嗪钠、沙拉沙星、磺胺多辛、磺胺甲噁唑、磺胺异噁唑、磺胺苯甲酰、磺胺氯吡嗪钠、磺胺地索辛、磺胺喹噁啉或磺胺苯吡唑。

4 检测限

本方法中磺胺脒、磺胺、磺胺二甲异嘧啶钠、磺胺醋酰、磺胺嘧啶、甲氧苄啶、磺胺吡啶、马波沙星、磺胺甲基嘧啶的检测限均为 100mg/L 或 100mg/kg，氧氟沙星、培氟沙星、洛美沙星、达氟沙星、恩诺沙星、磺胺间甲氧嘧啶、磺胺氯达嗪钠、沙拉沙星、磺胺多辛、磺胺甲噁唑、磺胺异噁唑、磺胺苯甲酰、磺胺氯吡嗪钠、磺胺地索辛、磺胺喹噁啉或磺胺苯吡唑的检测限均为 200mg/L 或 200mg/kg。

5 注意事项

5.1 根据初筛的非法添加情况，恰当选择需要使用的对照品种类。

5.2 如果拟考察的对照品色谱峰之间的分离度小于 1.0，建议实验操作时，注意如下两个方面：

5.2.1 正式进样前，以每分钟 0.5mL 的流速运行该方法中的梯度洗脱条件至少 10 个循环，然后再将流速变更为每分钟 0.2mL，按照方法中的色谱条件进样测定。

5.2.2 在配制 0.1%甲酸溶液时，用玻璃刻度吸管移取甲酸，加水稀释后，搅拌均匀，用三乙胺调节 pH 值至 3.40±0.01，即可。不要使用塑料制品移取甲酸，也不要过滤该甲酸溶液。

图1 色谱图

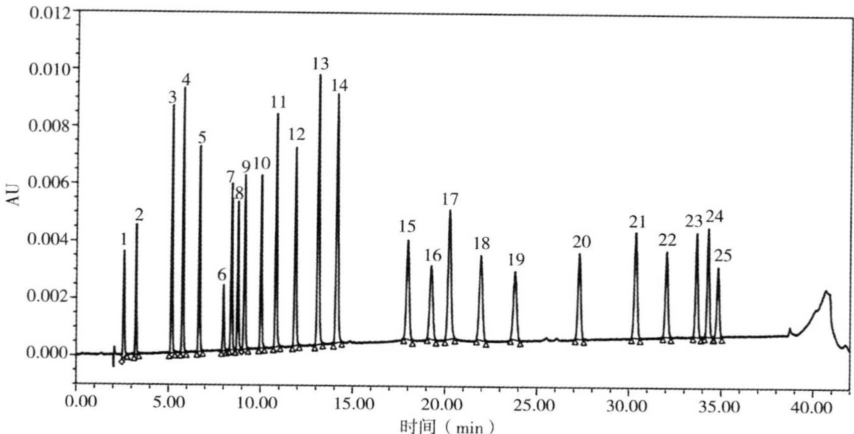

1. 磺胺胍（CAS 号：57-67-0）
2. 磺胺（CAS 号：63-74-1）
3. 磺胺二甲异嘧啶钠（CAS 号：2462-17-1）
4. 磺胺醋酰（CAS 号：144-80-9）
5. 磺胺嘧啶（CAS 号：68-35-9）
6. 甲氧苄啶（CAS 号：738-70-5）
7. 磺胺吡啶（CAS 号：144-83-2）
8. 马波沙星（CAS 号：115550-35-1）
9. 磺胺甲基嘧啶（CAS 号：127-79-7）
10. 氧氟沙星（CAS 号：82419-36-1）
11. 培氟沙星（CAS 号：70458-92-3）
12. 洛美沙星（CAS 号：98079-51-7）
13. 达氟沙星（CAS 号：112398-08-0）
14. 恩诺沙星（CAS 号：93106-60-6）
15. 磺胺间甲氧嘧啶（CAS 号：1220-83-3）
16. 磺胺氯达嗪钠（CAS 号：23282-55-5）
17. 沙拉沙星（CAS 号：91296-86-5）
18. 磺胺多辛（CAS 号：2447-57-6）
19. 磺胺甲噁唑（CAS 号：723-46-6）
20. 磺胺异噁唑（CAS 号：127-69-5）
21. 磺胺苯甲酰（CAS 号：127-71-9）
22. 磺胺氯吡嗪钠（CAS 号：102-65-8）
23. 磺胺地索辛（CAS 号：122-11-2）
24. 磺胺喹噁啉（CAS 号：59-40-5）
25. 磺胺苯吡唑（CAS 号：526-8-9）

图2 光谱图

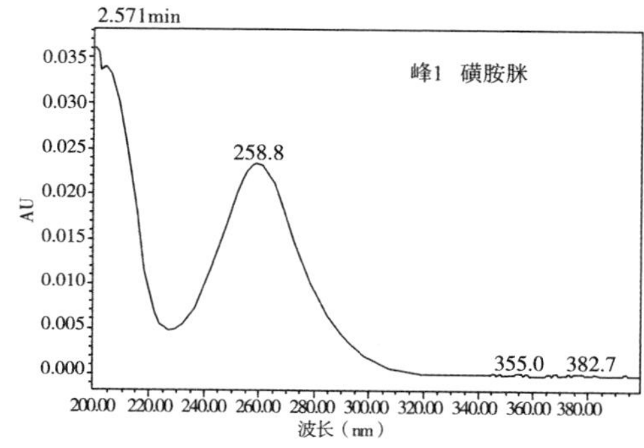

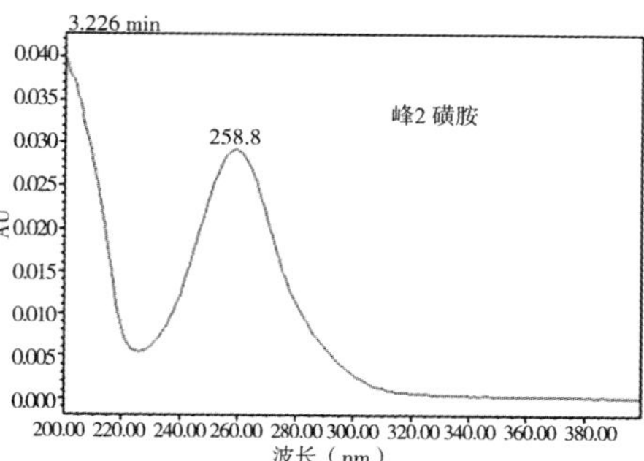

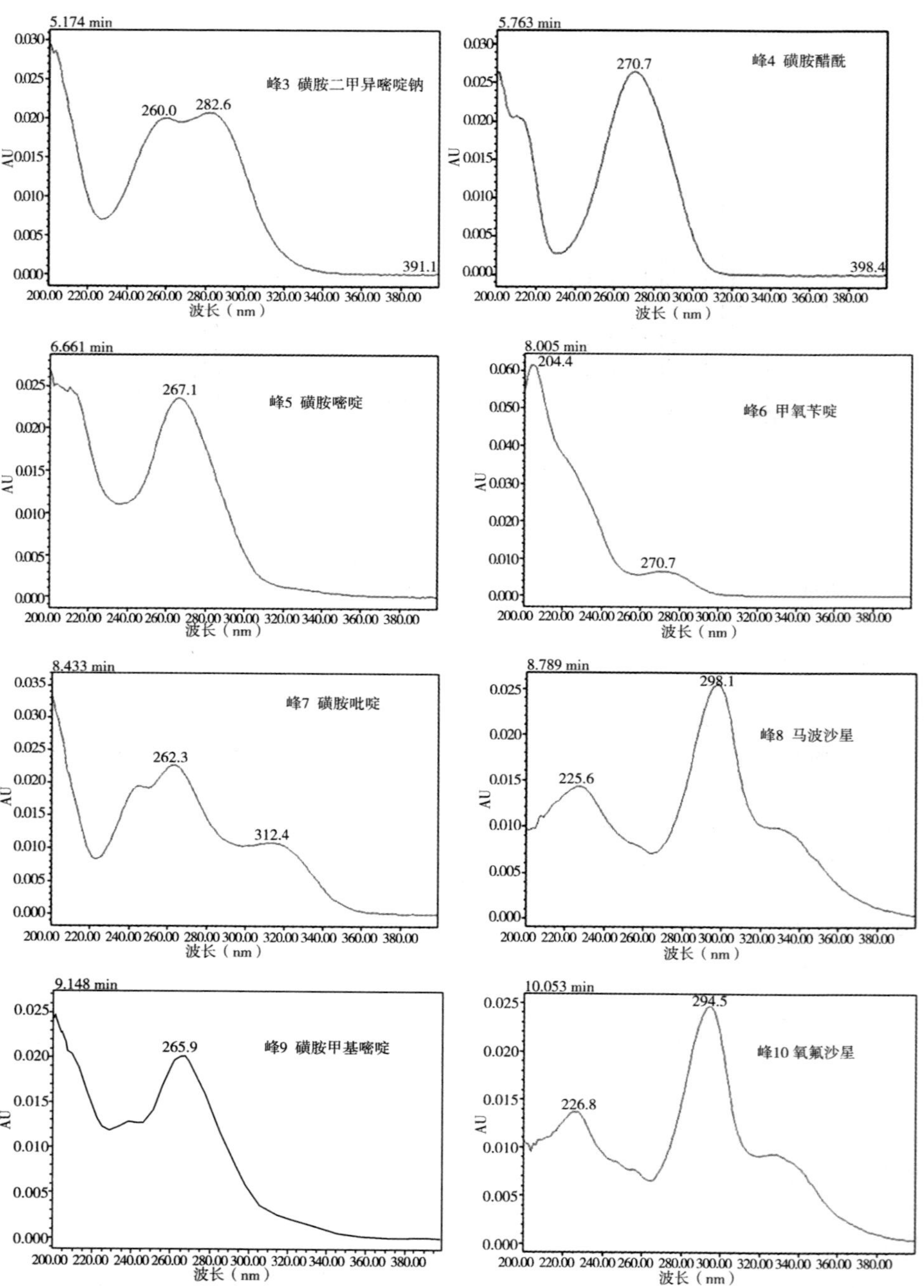

5.174 min
峰3 磺胺二甲异嘧啶钠
260.0
282.6
391.1
AU
波长（nm）
5.763 min
峰4 磺胺醋酰
270.7
398.4
AU
波长（nm）
6.661 min
峰5 磺胺嘧啶
267.1
AU
波长（nm）
8.005 min
峰6 甲氧苄啶
204.4
270.7
AU
波长（nm）
8.433 min
峰7 磺胺吡啶
262.3
312.4
AU
波长（nm）
8.789 min
峰8 马波沙星
298.1
225.6
AU
波长（nm）
9.148 min
峰9 磺胺甲基嘧啶
265.9
AU
波长（nm）
10.053 min
峰10 氧氟沙星
294.5
226.8
AU
波长（nm）

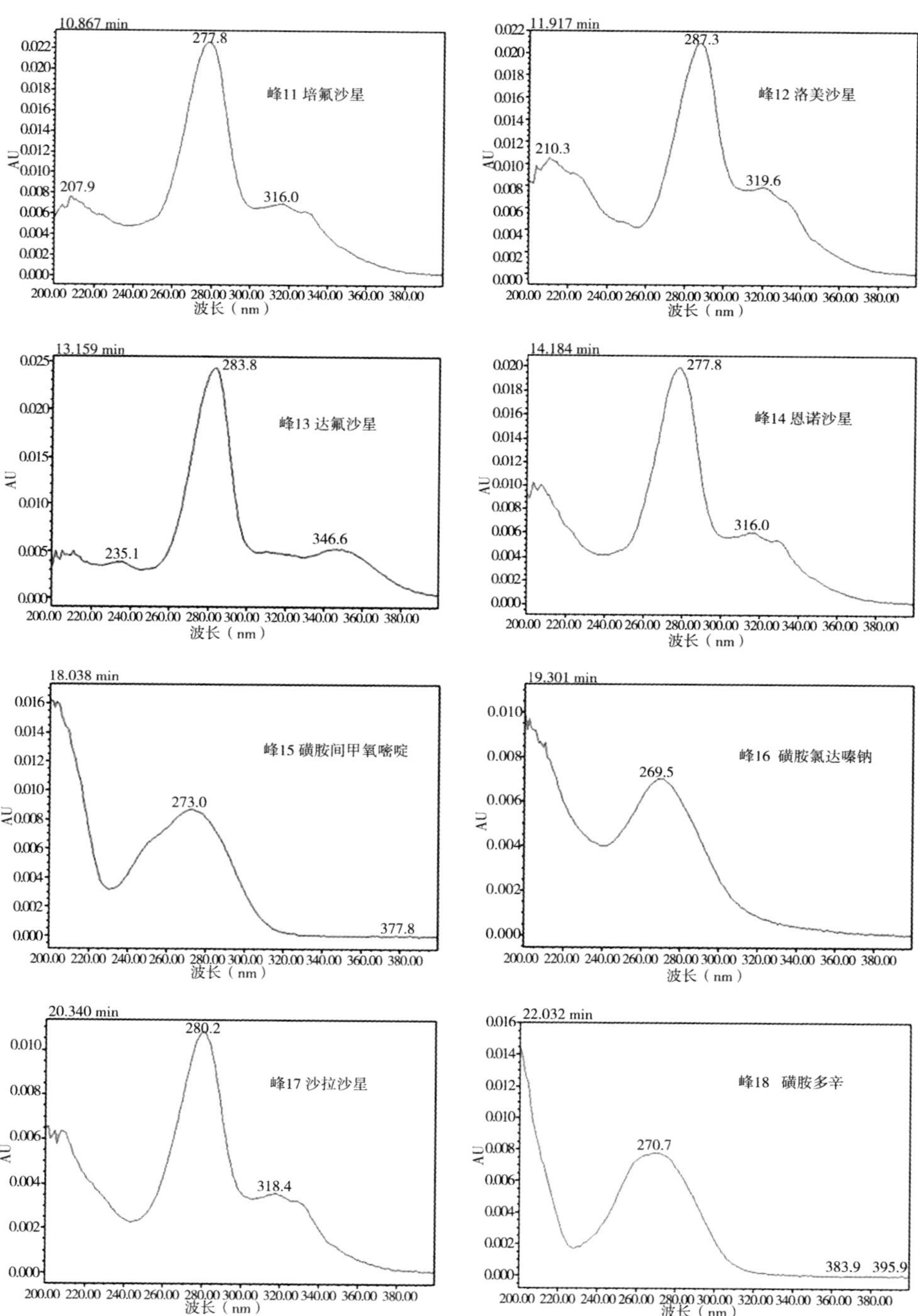
10.867 min
277.8
峰11 培氟沙星
207.9
316.0
AU
波长（nm）
11.917 min
287.3
峰12 洛美沙星
210.3
319.6
AU
波长（nm）
13.159 min
283.8
峰13 达氟沙星
235.1
346.6
AU
波长（nm）
14.184 min
277.8
峰14 恩诺沙星
316.0
AU
波长（nm）
18.038 min
峰15 磺胺间甲氧嘧啶
273.0
377.8
AU
波长（nm）
19.301 min
峰16 磺胺氯达嗪钠
269.5
AU
波长（nm）
20.340 min
280.2
峰17 沙拉沙星
318.4
AU
波长（nm）
22.032 min
峰18 磺胺多辛
270.7
383.9
395.9
AU
波长（nm）

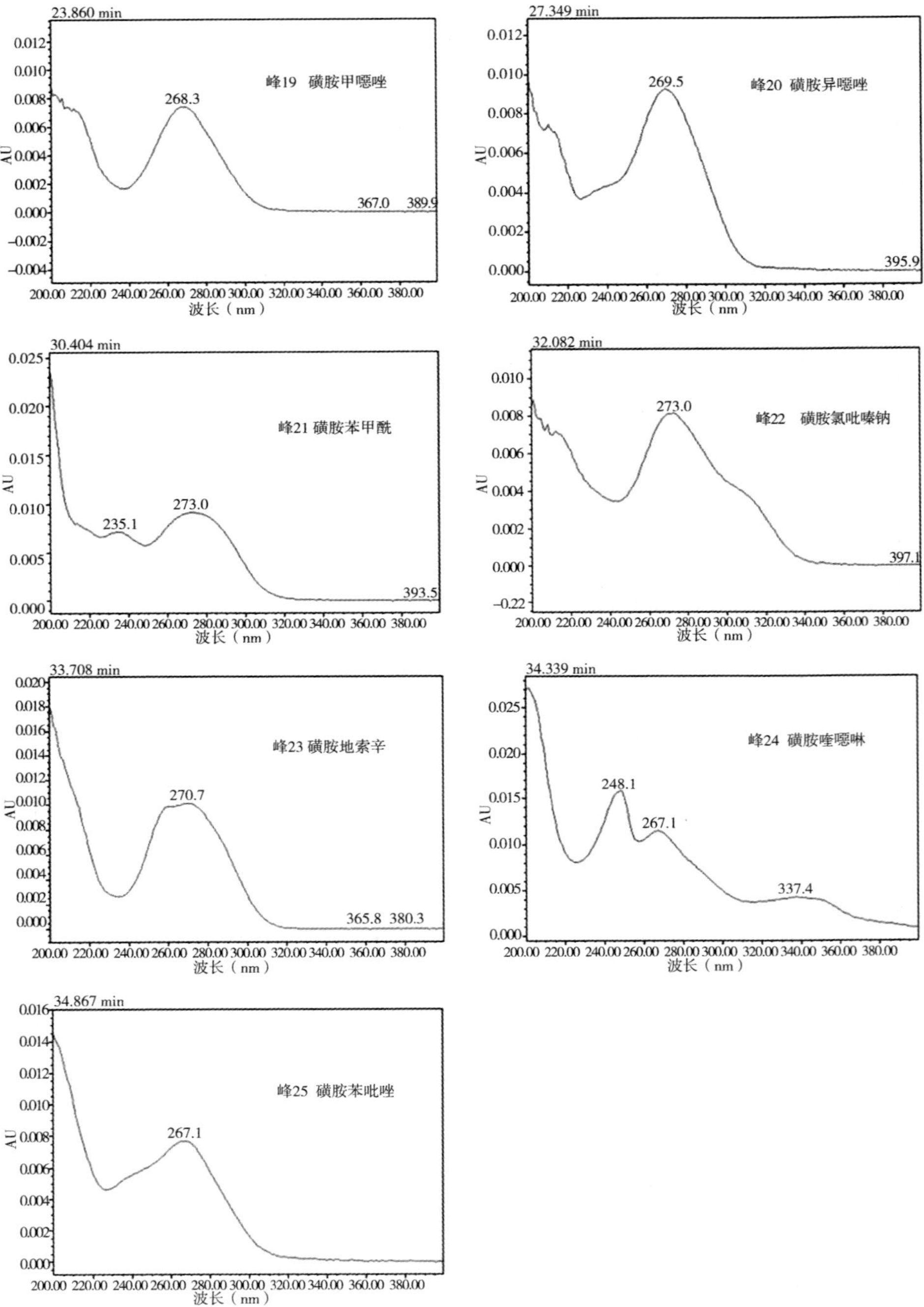

23.860 min
峰19 磺胺甲噁唑
268.3
367.0 389.9
AU
波长（nm）
27.349 min
峰20 磺胺异噁唑
269.5
395.9
30.404 min
峰21 磺胺苯甲酰
235.1
273.0
393.5
32.082 min
峰22 磺胺氯吡嗪钠
273.0
397.1
33.708 min
峰23 磺胺地索辛
270.7
365.8 380.3
34.339 min
峰24 磺胺喹噁啉
248.1
267.1
337.4
34.867 min
峰25 磺胺苯吡唑
267.1

第四部分　兽药非法添加物检测方法提升方向

随着发展，仍然存在新的非法添加可能，需要继续开展处方外非法添加物风险监测检测技术研究，提升检测效率和准确性，持续遏制非法添加风险。

一、筛查与确证技术并重

定性筛查技术是快速判断兽药是否被非法添加的重要手段，是指示采用何种方法进行进一步确证的关键步骤。要充分利用显微鉴别方法、薄层色谱法、高效液相色谱—二级管阵列法、胶体金免疫层析法、质谱法建立筛查方法。

确证与定量检测方法是最终判定兽药非法添加情况的技术手段，具有法定效力。要进一步推广应用高效液相色谱法、高效液相色谱—串联质谱法、超高效液相色谱—串联质谱法等。

二、进一步扩大检测方法适用性

梳理现有兽药非法添加物检测标准，针对检测目标化合物，特别是高频非法添加物（如对乙酰氨基酚、安乃近、氧氟沙星、诺氟沙星、乙酰甲喹、安替比林、氨基比林、恩诺沙星、磺胺间甲氧嘧啶、甲氧苄啶、喹乙醇），修订整合有关检测方法，建立操作简便、适用范围更广的通用型检测标准，进一步增强标准适用性。

三、加强高效、高通量检测技术研究

利用新的技术手段建立新方法，提升快速筛查和确证技术。

建立质谱数据库，提升筛查效率。将高分辨质谱法运用到兽药非法添加物检查中，利用高分辨质谱法，建立高通量筛查和确证方法，建立质谱数据库，可以克服现有法定方法不能筛查检测无紫外吸收化合物的缺陷。

探索建立拉曼光谱检测方法。拉曼光谱是采用散射光谱进行分析并应用于分子结构研究的一种方法，因其高通量无损、谱图特征强、穿透力强，可进行原位、无损分析。《中国兽药典》2015 年版已收载拉曼光谱法，将显微拉曼光谱成像技术运用在兽药非法添加物筛查中，可实现快速无损筛查，提高初筛效率。

值得研究运用的方法还有：微生物管碟法、近红外光谱法、离子迁移色谱法等。

四、拓展非法添加物检测品种范围

随着水产用药需求的增加，渔药和水产养殖投入品被非法添加其他药物（物质）的风险也在增加。针对非法添加新情况，如中药制剂中添加处方外中药成分、疫苗中非法添加抗菌药物、渔药和水产养殖投入品中非法添加药物等，添加方式更为隐蔽。亟须开展中药制剂中的中药类抗菌成分、疫苗中可能添加的抗菌药物含量进行监测；开展渔药和水产养殖投入品中非法添加物的检查研究。不断拓展检查品种范围，严密防范非法添加风险。

参考文献

董玲玲，于晓辉，范强，等，2017. 兽药制剂中非法添加化学药物现状及检测技术研究进展 [J]. 中国兽药杂志，51（3）：11-14.

龚旭昊，杨星，张璐，等，2020. 麻杏石甘口服液、杨树花口服液中非法添加苷黄芩苷 HPLC-PDA 检测方法的建立 [J]. 中国兽药杂志，54（9）：22-27.

顾进华，2017. 中兽药在动物养殖中的应用及发展趋势研究 [J]. 中国兽药杂志，51（5）：57-62.

关尔吉，顾进华，1994. 应用高效液相色谱法研究多种中药组方对盐酸左旋咪唑含量测定的影响 [J]. 中兽医医药杂志（3）：8-10.

韩宁宁，毕言峰，刘少伟，等，2016. HPLC-PDA 和 UPLC-Q/TOF MS 法筛查氟苯尼考粉中添加化合物 [J]. 药物分析杂志，36（2）：306-312.

韩宁宁，刘畅，于晓辉，等，2019. 3 种止痢型中兽药液体制剂中非法添加黏菌素的 HPLC-PDA 检查方法的建立 [J]. 中国兽医杂志，55（9）：101-103.

韩宁宁，徐嫄，于丽娜，等，2016. 高效液相色谱—二极管阵列检测器用于兽药非法添加物质检查的优劣性分析 [J]. 中国兽药杂志，50（4）：66-69.

韩宁宁，于晓辉，范强，等，2018. HPLC- PDA 方法检测柴辛注射液中非法添加的克林霉素 [J]. 中兽医医药杂志，37（5）：47-49.

胡家勇，彭青枝，张莉，等，2021. 表面增强拉曼光谱技术在快速检测保健食品中非法添加药物中的应用 [J]. 食品安全质量检测学报（1）.

农业部公告第 2395 号．关于发布《硫酸卡那霉素注射液中非法添加尼可剎米检查方法》标准的公告［Z］. 2016 年 5 月 9 日.

农业部公告第 2398 号．关于发布《恩诺沙星注射液中非法添加双氯芬酸钠检查方法》标准的公告［Z］. 2016 年 5 月 19 日.

农业部公告第 2448 号．关于公布《兽药制剂中非法添加磺胺类药物检查方法》等 34 项检查方法标准的公告［Z］. 2016 年 9 月 23 日.

农业部公告第 2451 号．关于发布《兽药中非法添加甲氧苄啶检查方法》等 5 个检查方法标准的公告［Z］. 2016 年 10 月 8 日.

农业部公告第 2494 号．关于发布《鱼腥草注射液中非法添加庆大霉素检查方法》标准的公告［Z］. 2017 年 2 月 27 日.

农业部公告第 2571 号．关于发布《兽药中非法添加非泼罗尼检查方法》的公告［Z］. 2017 年 8 月 31 日.

农业部关于印发《2016 年兽药质量监督抽检计划》的通知．农医发〔2016〕2 号［Z］. 2016 年 1 月 15 日.

农业农村部公告第 169 号．关于发布《兽药中非法添加药物快速筛查法（液相色谱—二级管阵列法）》的公告［Z］. 2019 年 5 月 16 日.

农业农村部公告第 199 号．关于发布《麻杏石甘口服液、杨树花口服液中非法添加黄芩苷检查方法》的公告［Z］. 2019 年 7 月 31 日.

农业农村部公告第 289 号．关于发布《兽药中非特定非法添加物质检查方法》的公告［Z］. 2020 年 5 月 9 日.

农业农村部公告第 361 号．关于发布《兽药中非法添加四环素类药物的检查方法》等 2 项标准的公告［Z］. 2020 年 11 月 19 日.

农业农村部公告第 384 号．关于发布《兽药制剂中非法添加磺胺类及喹诺酮类 25 种化合物检查方法》的公告［Z］. 2021 年 1 月 11 日.

赵义良，赵兴鑫，田梅，等，2021. 中兽药散剂中非法添加物检测技术的研究现状及进展［J］. 食品安全质量检测学报，12（2）：452-458.

中国兽药典委员会，2020. 中华人民共和国兽药典 . 2020 年版［M］. 北京：中国农业出版社.